人工湿地填料改性方法及改性填料在废水处理中的应用

徐丽　潘鑫晨　牛明芬　王宇佳　著

中国水利水电出版社
www.waterpub.com.cn
·北京·

内 容 提 要

本书主要介绍了人工湿地处理系统中起到重要作用的湿地填料的选择、改性及在污水脱氮除磷中的应用。内容涵盖人工湿地处理系统的基础知识、常用填料、改性工艺、改性填料吸附性能、影响因素及机理分析。本书以常规矿石、工业固体废弃物、农业固体废弃物为原料，通过热改性、化学改性等工艺制备湿地填料，改变填料的吸附特性以提高其脱氮除磷性能，从而达到水体净化的作用，同时实现部分固体废弃物的资源化利用。

本书可供环境污染治理领域的工程技术人员、科研人员阅读，还可供高等院校环境、市政等相关专业师生参考使用。

图书在版编目（ＣＩＰ）数据

人工湿地填料改性方法及改性填料在废水处理中的应用 / 徐丽等著. -- 北京 ： 中国水利水电出版社，2022.11
ISBN 978-7-5226-1119-8

Ⅰ．①人… Ⅱ．①徐… Ⅲ．①人工湿地系统－研究 Ⅳ．①X703

中国版本图书馆CIP数据核字(2022)第213603号

书　　名	人工湿地填料改性方法及改性填料在废水处理中的应用 RENGONG SHIDI TIANLIAO GAIXING FANGFA JI GAIXING TIANLIAO ZAI FEISHUI CHULI ZHONG DE YINGYONG
作　　者	徐 丽　潘鑫晨　牛明芬　王宇佳　著
出版发行	中国水利水电出版社 （北京市海淀区玉渊潭南路1号D座　100038） 网址：www.waterpub.com.cn E-mail：sales@mwr.gov.cn 电话：（010）68545888（营销中心）
经　　售	北京科水图书销售有限公司 电话：（010）68545874、63202643 全国各地新华书店和相关出版物销售网点
排　　版	中国水利水电出版社微机排版中心
印　　刷	清淞永业（天津）印刷有限公司
规　　格	170mm×240mm　16开本　9.25印张　176千字
版　　次	2022年11月第1版　2022年11月第1次印刷
印　　数	0001—1000册
定　　价	**58.00元**

前 言

随着社会经济的飞速发展，生态环境问题逐渐成为全球关注的热点。2015 年颁布的《水污染防治行动计划》中明确提出以改善水环境质量为核心，强化源头控制，水陆统筹、河海兼顾，系统推进水污染防治、水生态保护和水资源管理，并对污水中污染物的排放浓度提出了更高的要求。为实现达标排放，污水处理厂的水处理工艺越来越复杂，水处理成本也不断提高，完全依靠污水处理厂处理污水并不经济可行。人工湿地系统作为一种新型生态污水净化处理方法，其基本原理是在人工湿地填料上种植特定的湿地植物，从而建立起一个人工湿地生态系统。人工湿地系统作为低能耗、低成本的处理工艺可对二级生物处理工艺的尾水进行深度处理，发挥其在氮磷处理方面的明显优势，实现达标排放的同时有效降低污水处理的成本。

本书以常规矿石、工业固体废弃物、农业固体废弃物为原料，选取了沸石、麦饭石、石灰石、秸秆炭、稻壳炭、废弃砖、粉煤灰、蛋壳作为研究对象，对其进行不同的改性工艺研究，筛选出合适的改性工艺以提高填料在脱氮除磷方面的吸附性能，为环境保护工作者选择人工湿地填料提供相关理论和应用依据。

本书分为 11 章，从人工湿地的基本原理、人工湿地基质填料、改性工艺选择、改性填料吸附性能及机理分析等方面进行了详细阐述。第 1 章、第 2 章、第 10 章由沈阳理工大学潘鑫晨执笔，第 3 章、第 5 章由沈阳建筑大学牛明芬执笔，第 4 章由沈阳建筑大学王宇佳执笔，第 6～9 章、第 11 章由沈阳建筑大学徐丽执笔，全书由徐丽负责统稿。

本书整合了近年来水污染控制与生态修复课题组的研究成果，

凝结了课题组中高晓雯、范丽婷、徐子祥、唐岩等多位成员的心血和汗水，希望本书的出版能够为人工湿地处理技术在我国的应用和推广起到一定的推动作用，为广大读者了解人工湿地技术尽一份绵薄之力。

由于作者的水平有限，书中可能存在不妥之处，恳请专家和读者批评指正。

作者

2022 年 9 月

目 录

1 绪　论

1.1　研究背景

1.1.1　水污染状况

随着我国污染排放量逐渐增加，环境污染日益严重。目前，我国经济的可持续发展受到环境问题制约，环境问题受到越来越多的人关注，环境治理尤为重要。水环境作为环境的重要组成部分与我们的生活、生产和发展密不可分。然而，人们的生产、生活依赖着水资源的同时，不断地向环境中排放大量的污水，导致水体生态环境受到严重污染[1]。

根据不完全统计，我国有90%的河道存在着不同程度的污染，严重污染的河流超过1/2，受到人为污染的湖泊占3/4。根据《2020中国生态环境状况公报》，我国0.6%的地表水水质指标为劣Ⅴ类，5.4%的湖泊（水库）水质指标为劣Ⅴ类，总磷是主要污染指标；110个重要湖泊（水库）营养状况监测中，重、中、轻度富营养状态分别为0.9%、4.5%、23.6%[2]。城镇污水是引起富营养化的因素之一，城镇污水处理厂将收集的污水进行二级处理，虽然处理后能有效减少各种污染物，达到相应排放标准，但对地表水而言，污水经过二级处理后氮磷的含量依然是很高的[3]。

污水的排放量越来越多，最终导致水环境污染的问题越来越严重。现今，我国污水处理率达到95%以上。据统计，我国污水排放总量超过13000亿m^3，几乎是我国水资源总量的一半，未经处理直排的污水约超过7000亿m^3，导致了前些年我国水环境的恶化[4]。

1.1.2　水体富营养化

目前，水体富营养化是全球地表水环境中最具挑战性的环境问题，也是我国面临的日益严重的水环境问题之一。

土地利用变化和栖息地丧失、入侵物种、污染、渔业、营养负荷（富营养化）和全球气候变化被认为是海洋和沿海生态系统变化的最强烈驱动因素[5-7]。生物体生存和生长所需的元素是营养物质[8]，然而人类活动可能导致生态系统中营养物质浓度增加，这种现象被称为富营养化。水质指数是评价水体污染状况的重要指标。影响藻类生长的物理、化学和生物因素（如阳光、营养盐类、季节变化、水温、pH 值以及生物本身的相互关系）是极为复杂的[9]。因此，很难预测藻类生长的趋势，也难以拟定表示富营养化的指标。一般采用的指标是：水体中氮含量超过 $0.2 \times 10^{-6} \sim 0.3 \times 10^{-6}$，生化需氧量大于 10×10^{-6}，磷含量大于 $0.01 \times 10^{-6} \sim 0.02 \times 10^{-6}$，pH 值 7～9 的淡水中细菌总数超过 10 万个/mL，表征藻类数量的叶绿素 a 含量大于 $10 \mu g/L$。

富营养化水体中不同生物群落利用氮磷等营养盐导致生态系统演替，当超标的氮磷等营养盐排入水体中，水生植物吸收利用大部分氮磷等营养盐，剩余的氮磷等营养盐被浮游植物和附着生物等吸收利用，从而引起浮游植物和叶绿素增加，浮游植物替代水生植物，导致水体的透明度降低，溶解氧降低，最终导致生态系统演替[10]。磷酸盐是植物生长发育最重要的养分之一，土壤中只有 0.1% 的磷酸盐可供植物利用，施用过量磷肥造成地表和地下水污染以及水体富营养化[11]。因此导致水体富营养化的主要原因之一是磷酸盐含量的过度增加。

1.1.3 我国污水处理厂排放情况

我国污水排放标准更新到 GB 18918—2002《城镇污水处理厂污染物排放标准》。根据城镇污水处理厂排入地表水域环境功能和保护目标，以及污水处理厂的处理工艺，将基本控制项目的常规污染物标准值分为一级标准、二级标准、三级标准。一级标准分为 A 标准和 B 标准。部分一类污染物和选择控制项目不分级。污水处理厂排放标准越来越严格，对氮磷的排放要求也越来越高[12]。随着生态文明理念的提出，我国污染物排放标准越来越被人们重视，一级 A 标准已经不能满足现状需要，将 GB 3838—2002《地表水环境质量标准》中Ⅳ类的污染物浓度值作为排放标准即将提上日程。截至 2016 年年底，我国已经建成 3552 座污水处理厂，其中约 27% 的污水处理厂出水执行 GB 18918—2002《城镇污水处理厂污染物排放标准》一级 A 标准。

水污染是世界范围内的主要环境问题，尤其是在发展中国家。我国的环境保护战略被推上历史最高优先级，水污染治理取得显著成效的同时，也面临着新的挑战。通过长期数据（水质、污水处理厂、污染物排放等）系统了解近 20 年来我国水污染治理的进程。结果表明，我国废水收集处理能力接近发达国家水平，城市和农村地区的处理率均超过 90%[13]。地表水环境质量不断改善，但东部流域依然存在水环境污染问题。经济快速增长而非人口增长是中国水污染控制的限制因素。

2015 年，我国颁布了《水污染防治行动计划》（简称"水十条"）。"水十条"提出以改善水环境质量为核心，强化源头控制，水陆统筹、河海兼顾，系统推进水污染防治、水生态保护和水资源管理，对污水中污染物的排放浓度提出了更高的要求[14]。目前，我国一些重点流域和区域相继制定了地方城镇污水处理厂排放标准，各地新颁布的标准中，水质指标几乎达到 GB 3838—2002《地表水环境质量标准》中Ⅳ类标准（除总氮外）[15]。

若要将出水水质由一级 B 标准提升至一级 A 标准，甚至提升至Ⅳ类标准（除总氮外），脱氮除磷是最为重要的。随着"水十条"发布，氮磷排入地表水的标准规定接近或达到地表Ⅳ类标准[16]。污水处理厂提标改造以及污水处理厂尾水深度净化极为重要。

1.1.4　我国农村污水排放情况

我国是农业大国，农作物的生长需要多种必需的营养元素，其中氮磷是作物产量与品质的关键因素。氮肥磷肥对粮食增产的作用贡献巨大，因此为了追求农作物的产量，化肥的使用量年年攀升，但是由于不科学的施肥，使氮磷的使用率远低于投加预期，造成了土壤、水体中氮磷元素的大量积累，对我国生态环境造成了巨大危害。水中的氨氮通过氨化作用和硝化作用会消耗水体中的溶解氧并且对鱼类有毒害作用。硝酸根在水体中会转化为亚硝胺，人类饮用水中含有亚硝胺会大大提高患癌风险，长期饮用对人体伤害成倍增加。

随着我国经济建设的不断发展，农村生活质量日益提高，农村生活污水排放量不断提高，且污水中营养盐含量也日益增加，同时，农村生活污水的处理还不完善。根据调查数据，我国农村污水每年排放超过 80 亿 t，而且排放量仍逐年上升。农村生活污水的磷平均含量为 4～13mg/L，远超过国家允许排放标准。因为农村污水水量大，村民居住分散，并不适合像城市一样修建集中式污水处理设施[17]。大量农村并未修建污水收集设施与集中式污水处理设施，大部分农村生活污水未经处理直接排入自然水体，造成大量污染。部分农村修建小型污水处理站，但是处理效果并不能达到排放标准。农村生活污染已经成为外源污染的主要来源。

农村生活污水主要来源有：日常生产活动用水，包括厨余废水、淋浴用水、洗涤废水、冲厕水等；养殖的家禽家畜的排泄物与养殖用水。其中生活排水中大多含有洗涤剂等用品，含有大量的氮磷等化学污染物；厕所冲洗用水与养殖废水则含有大量的粪便，这些粪便中含有大量的氮、磷和生化需氧量（BOD）等污染物，但是几乎不存在有毒有害物质，可生化性优良[18]。现阶段处理农村生活污水的技术有沼气池、生物滤池、人工湿地等方法。部分南方地区进行小型净化槽和集成式小型污水净化设施的尝试。

1.2 现有污水除磷技术

在自然水体中，磷元素的循环不同于碳、氮等可以转化为气体直接排出的元素，主要以有机磷和无机磷的形态存在，无机磷又主要以正磷酸盐的形态存在，因此需要找到合适的方法去除水中的磷。

目前主流的除磷方法有化学法、生物法、吸附法、土地处理系统和人工湿地处理技术。

1.2.1 化学法

化学法在实际应用中已经被证明是一种极为有效的除磷方法。溶解在水中的正磷酸盐与投加的化学药剂中的阳离子（多为金属阳离子）或活性基团相结合生成难溶于水的沉淀，之后过滤掉生成的沉淀，从而达到除磷的目的。化学沉淀法和离子交换法是应用较为广泛的除磷方法[19-20]。

1.2.1.1 化学沉淀法

化学沉淀法因为其原理简单、去除率高、操作便捷、运行稳定、技术成熟而被广泛应用。化学沉淀法与生物法相比，适用性广泛，受季节、温度及废水中其他物质影响较小，可以处理生物法因低温环境效率降低或含有有毒有害物质而不能处理的废水。同时生成的含磷沉淀物质稳定，可以回收再利用且不会向自然水体中再次释放含磷物质。常用于高浓度废水的前处理或不达标的尾水处理。但是化学沉淀法需要的化学药品剂量较大，产生的化学污泥需要统一收集进行深度处理，防止造成二次污染，导致整体费用偏高。所以化学沉淀法通常与其他污水处理方法一起使用。

化学沉淀法的原理是向水中投加易溶于水的含 Ca^{2+}、Fe^{2+}、Fe^{3+}、Al^{3+} 等离子的金属盐与 PO_4^{3-} 生成难溶性沉淀，达到固-液分离的效果。常用的药剂为 $AlCl_3$、$FeCl_3$ 和生石灰等。

1. 铁盐除磷

铁盐是一种常用化学除磷试剂。主要通过 Fe^{3+} 与 PO_4^{3-} 反应生成难溶的 $FePO_4$ 沉淀。反应方程式如下：

$$Fe^{3+} + PO_4^{3-} \longrightarrow FePO_4 \downarrow \qquad (1-1)$$

在沉淀过程中由于 OH^- 的存在，使 Fe^{3+} 溶于水后通过水解和聚合反应，生成结构不同的羟基络合物。这种铁盐-羟基络合物可以降低水中胶体的 ξ 电势，通过胶体的中和、吸附架桥和卷扫作用，帮助铁盐胶体失稳，生成絮凝物质加速沉淀，并将其分离达到除磷效果。

2. 铝盐除磷

铝盐在除磷过程中通过 Al^{3+} 与 PO_4^{3-} 反应生成沉淀，另外也可以和水中 HCO_3^- 生成 $Al(OH)_3$ 沉淀。反应方程式如下：

主反应 $$Al^{3+} + PO_4^{3-} \longrightarrow AlPO_4 \downarrow \tag{1-2}$$

副反应 $$Al^{3+} + 3HCO_3^- \longrightarrow Al(OH)_3 \downarrow + 3CO_2 \uparrow \tag{1-3}$$

$Al(OH)_3$ 沉淀一方面可以吸附正磷酸盐，另一方面，$Al(OH)_3$ 在水中不断碰撞生成一系列多核络合物。这类含铝络合物由于其正电荷多，比表面积大可以降低水中胶体的 ξ 电势，通过促进胶体失稳，加快絮凝和沉淀，达到除磷的目的[21]。

3. 钙盐除磷

常用的钙盐除磷试剂以石灰为主。钙盐除磷主要通过 Ca^{2+} 与 PO_4^{3-} 反应。反应方程式如下：

主反应 $$Ca^{2+} + HCO_3^- + OH^- \longrightarrow CaCO_3 \downarrow + H_2O \tag{1-4}$$

副反应 $$5Ca^{2+} + 4OH^- + 3HPO_4^{2-} \longrightarrow Ca_5(OH)(PO_4)_3 \downarrow + 3H_2O \tag{1-5}$$

其中主反应最为重要。石灰的投加量由主反应决定。钙盐除磷受水中 pH 值影响较大，所以需要投加石灰改变酸碱度。主反应中生成的 $CaCO_3$ 沉淀作为颗粒核促进磷酸盐沉淀。

1.2.1.2 离子交换法

离子交换法是一种较为新型的除磷方法，最初多用在水的软化和海水淡化方面。其基本原理是通过多孔离子交换树脂中的阴离子对水中 PO_4^{3-} 有选择地进行交换，将 PO_4^{3-} 吸附在树脂表面从而达到除磷的效果。

离子交换法是一种新型的除磷方法，主要优势在于去除量稳定，离子交换树脂可以通过 NaCl 溶液再生，具有对低浓度含磷废水除磷效果好的优势，但是树脂选择性较差，吸附容量较小，易受温度和共存离子的限制等缺点而不易应用在实际工艺中。

1.2.2 生物法

生物法是利用微生物特性，通过微生物自身的代谢过程，将水中溶解磷摄取，进行富集或利用，最终将污水中的磷转移到污泥中，从而达成除磷的目的。这种能够除磷的兼性细菌被称为聚磷菌（PAO）[22]。这些细菌在生长繁殖时，在厌氧条件下，为了维持自身代谢分解自身的缩聚磷酸盐并释放磷酸盐，同时吸收水中化学需氧量（COD）获取能量，形成聚合羟基-β-丁酸（PHB）作为能量储备物质；在好氧条件下能够吸收几倍于厌氧条件下所释放的磷，来合成三磷酸腺苷（ATP）和聚磷酸盐并分解 PHB 释放能量用于自身的生长繁殖[23-26]。将磷元素集中在细胞内,将富磷污泥排出,进行除磷。但是生物法需要建设大型构筑物,处理周期较长,运行稳定差,对进水水质标准有要求。同时对温度要求较大,微生物在低温条件下代谢速率降低,除磷效率下降,对人员要求高,不适合农村使用[27-29]。

1.2.2.1 A/O 工艺

A/O 工艺(Anaerobic - Oxic Process),即厌氧/好氧工艺,是一种传统的厌氧-好氧的生物除磷工艺,是依据聚磷菌对磷酸盐的吸收、释放特性建立的。污水首先进入厌氧池,聚磷菌在厌氧状态下转化污水中有机物为 PHB 储存在细胞内,通过水解缩聚磷酸盐释放能量维持自身活动并向水中释放磷酸盐。污水流入好氧池,在好氧状态下聚磷菌恢复自身活性,吸收水中磷酸盐合成缩聚磷酸盐,同时处理水中 BOD。最后进入沉淀池,部分污泥排出沉淀池,另一部分污泥重新排放进厌氧池再次处理。

A/O 工艺流程简单,运行费用低,但是除磷效率难以提高,剩余污泥排除过程中一旦受到环境影响容易产生释磷现象影响最终除磷效果[20]。

1.2.2.2 A²/O 工艺

A²/O 工艺(Anaerobic - Anoxic - Oxic Process),即厌氧-缺氧-好氧工艺,与 A/O 工艺相比多出了一个缺氧池,可以同时脱氮除磷。污水首先进入厌氧池聚磷菌分解缩聚磷酸盐维持自身活动,并吸收水中挥发性脂肪酸类等易降解有机物转化为 PHB;其次进入缺氧池中,在缺氧池中反硝化菌的作用下,从好氧池中循环来的硝态氮被反硝化成氮气,排放到大气中,从而脱氮;最后进入好氧池,氨氮通过硝化细菌的作用转化为硝态氮,聚磷菌富集磷并通过沉淀池排放富磷污泥[20]。

A²/O 工艺技术简单,维护费用低,水力停留时间短,可以同时脱氮除磷。但是反硝化菌和聚磷菌的需氧量不同,不容易控制整个系统中的溶解氧含量,使脱氮或除磷过程受到影响。

1.2.2.3 SBR 工艺

SBR 工艺(Sequencing - Batch - Reactor Activated Sludge Process),即序批式活性污泥法,特点是通过不连续的处理工艺,间歇性进水、曝气、沉淀、排水、排泥,从而将调节池、曝气池、二沉池等构筑物集于一体。优势在于结构简单,通过合理分配好氧和厌氧阶段,同时脱氮除磷,去除有机物,抑制污泥膨胀。但是连续进水时需要较大的反应池,设备空置率高,无法在实际中处理大量污水,不能实现连续进水连续出水的工艺要求[20]。

单纯的 SBR 工艺并不能满足出水水质要求,常用 UNITANK 工艺、ICEAS 工艺、CASS 工艺、MSBR 工艺等改良工艺。

1.2.3 吸附法

吸附是常见的固体表面现象。吸附法按照机理可以分为：依靠自身比表面积大的特性吸附溶解于污水中磷酸盐的物理吸附；利用吸附剂的组成成分与溶解于污水中的磷酸盐发生化学反应，通过离子交换或在表面生成沉淀的方式除磷的化学吸附。

物理吸附是由固-液之间范德华力引发的，所以物理吸附大多发生在吸附剂的表面层，可以吸附绝大多数的污染物质，对吸附没有选择性。由于吸附剂的结构特性可以在多个层面发生吸附反应，叠加成为多分子层吸附。但是范德华力较小，容易解吸。对 Langmuir 模型拟合较好。化学吸附是由化学键引发的，本质上是吸附质与吸附剂之间的配位交换和离子交换，因此具有选择吸附性，只存在单分子层吸附。化学键一般大于范德华力，所以不容易解吸。对 Freundlich 模型拟合较好。吸附剂主要分为下列几个类型。

（1）天然矿物材料。天然矿物材料主要是以含铝、镁、钙等金属氧化物与以硅酸盐为结构骨架的矿物质，可以作为吸附剂的基本材料。天然矿物材料有蛭石、沸石、膨润土、麦饭石、凹凸棒土等[30-32]。因为天然矿物的物质组成与晶体结构使其具备优秀的离子交换能力和吸附能力。

（2）工业废渣。工业生产中往往产生大量固体废弃物，大多使用包括钢渣、粉煤灰、赤泥等和以给水污泥为主的化学污泥作为吸附剂。工业废渣中含有大量的 Fe_3O_4、Al_2O_3、CaO 等金属氧化物，这些工业废渣的孔隙结构复杂，比表面积大，可以发挥出很好的吸附效果[33]。给水污泥等一系列化学污泥是给水厂处理过程中的废弃物，含有大量的 Ca^{2+}、Al^{3+}、Fe^{3+} 等离子，目前给水污泥的使用方法多以给水污泥为骨架，添加少量外加剂制成人造轻骨料。通过不同的改性方式进一步增加污泥的比表面积，增强吸附除磷效果。

（3）农林废弃物。农林废弃物是指锯末、果壳、秸秆等废弃物。研究表明这些废弃物对环境友好，在处理环境污染方面有天然的优势[34-36]。应用这些农林废弃物作为吸附剂时，通常需要先碳化、改性，制成生物炭。由于生物炭本身极高的比表面积和孔隙结构，其可以作为良好的除磷吸附剂材料。

1.2.4 土地处理系统

土地处理系统是指在人工控制的条件下，将污水投配在土地上，经过土壤-植物系统，进行一系列物理、化学、物理化学和生物化学的净化过程，使污水得到净化的一种污水处理工艺。

城市废水的土地处理系统建设和运营成本低，越来越被大众关注。其包括慢速土地处理系统、快速土地处理系统、湿地渗透系统、地下渗滤系统和地面流土地处理系统[18-19]。随着经济日益增长，人民生活水平的不断提高，废水组成也越来越复杂，废水量也越来越多，自 1996 年以来，土地处理系统的发展进入了一个完全由技术创新、应用和推广组成的新阶段。

土地处理是指在设计和工程环境中，以受控速率将部分处理过的废水应用到土地上，将废水中对作物或土壤环境有益的营养物质截留在土地系统中，不仅可以去除废水中的营养物质，同时可以实现资源的可循环利用。

污水土地处理系统可实现废水的无害化和资源化处理，具有高效性、工艺简单、投资少、建设运营成本低等优点[29]。但是土地处理系统容易堵塞、长期除磷效果不佳，如果渗漏可能造成地下水体污染。

1.2.5 人工湿地

人工湿地是指用人工筑成沟槽、水池，在沟槽或水池底部铺设防渗层，填充一定深度的填料层，填料层顶端种植水生植物，利用填料、植物、微生物的物理、化学、生物三重协同作用，通过过滤、吸附、共沉、植物吸收以及微生物分解等作用使污水得到净化。人工湿地处理污水无二次污染。同时人工湿地还具有更好的生态效益。

人工湿地除磷具有出水水质好、工程造价低、运行维护管理方便以及生态效益好等优点，有效补充传统除磷技术。人工湿地主要利用基质填料、水生植物以及微生物协同作用去除水体中磷。具有低水力负荷的人工湿地表现出色，可以去除 $80\%\sim91\%$ 的 BOD、$60\%\sim85\%$ 的 COD 和 $80\%\sim95\%$ 的总悬浮固体[33]。

综上所述，人工湿地和土地处理系统建设投资均低，而人工湿地建设投资低于土地处理系统，人工湿地和土地处理系统相比，人工湿地去除氨氮的效果更好，而对于 COD 则是土地处理系统去除效果更好，且人工湿地的生态效益更好；人工湿地和生物滤池相比，人工湿地运行管理方便，不需要增加预处理设备，节约预处理设备投资以及后期的运行维护成本；膜分离技术投资较高，预处理浓度差较复杂，膜易堵塞，容易产生膜污染；高级氧化法费用高，出水效果一般，且高级氧化法和膜分离技术适用于小规模的污水处理，吨水处理成本较高，对水量变化较大的城镇污水处理厂则不适用；人工湿地有耐负荷冲击、投资小、吨水处理成本低、运维简单等优点，因此，本书采用人工湿地技术研究湿地填料的脱氮除磷性能。

1.3　人工湿地处理技术

湿地属于水陆过渡带，是具有多种使用价值和功能的生态系统，在蓄洪防旱、控制土壤侵蚀、调节气候、降解环境污染、促淤造陆等方面起到重要作用，被称为"自然之肾"。2021年，生态环境部发布的《人工湿地水质净化技术指南》给出了各地区人工湿地水力负荷、氨氮和总磷等污染物的削减负荷、水力停留时间等设计参数，同时该指南为二级生物处理尾水利用湿地处理系统对氮磷进行深度净化提供了依据。

海绵城市是不同于传统灰色城市的一种可持续发展的理念，在应对自然灾害和适应环境变化等方面具有很好的"弹性"，着重解决城市洪涝灾害和城市水环境恶化等问题，实现地表水资源、生态用水、污水资源、地下水、自然降水等统筹管理、保护与利用。污水处理厂尾水深度处理属于末端减排，在污水处理厂周边，污水处理厂尾水经过湿地深度净化后排放，这种方法不仅与生态廊海绵结构结合，又可以有效削减污染负荷，以生态处理设施净化尾水。

人工湿地按照填料和水位关系，分为两种，即潜流人工湿地和表面流人工湿地。

1.3.1 潜流人工湿地

潜流人工湿地是由土壤、湿地植物和微生物组成的生态处理系统，以亲水植物为表面绿化物，以砂石土壤等为填料。污水在湿地床的内部流动，一方面可以充分利用土壤中的微生物、填料表面的生物膜、丰富的植物根系及填料的截留作用，提高人工湿地的处理效果和处理能力；另一方面由于水流在地表以下流动，保温性能较好，处理效果受气候影响小，且卫生条件较好。潜流人工湿地分为水平潜流人工湿地和垂直潜流人工湿地。

水平潜流人工湿地：污水在填料层表面以下，从池体进水端水平流向出水端的人工湿地。

垂直潜流人工湿地：污水垂直通过池体中填料层的人工湿地。

潜流人工湿地要求水力负荷较表面流人工湿地高，对水量有调节作用，故对水量要求不大。

1.3.2 表面流人工湿地

表面流人工湿地具有自由水面类似于自然湿地，是指污水在填料层表面以上，从池体进水端以水平流的方式，自由流向出水端的人工湿地。表面流人工湿地占地面积较潜流人工湿地大，水力负荷低，冬季温度低于零下，水面结冰，影响处理效果，故受季节影响明显。

1.3.3 人工湿地优缺点

人工湿地优缺点如下。

（1）优点。水处理应用中，具有工程造价低、出水水质好、运行维护管理方便以及生态效益好等优点，有效补充传统除磷技术。人工湿地填料通过离子交换和物理吸附作用去除氨氮。且人工湿地易操作，能长久维持，能耗低，基本上不需要消耗化学药品和化石燃料。

（2）缺点。占地面积大、受季节影响较明显、湿地填料容易堵塞。

故本书旨在寻找吸附容量大、去除效率高、价格低廉的湿地填料。

1.4　人工湿地填料选择

填料的吸附是人工湿地处理污染物的一个重要过程，人工湿地填料吸附包括吸附作用、络合作用、沉淀作用和离子交换作用，这些效应主要用于对磷、重金属和氨氮的去除。人工湿地填料为植物提供生长环境的同时完成了水质净化，是人工湿地重要组成部分。

人工湿地填料有很多，主要选择具有一定吸附能力、无二次污染、具有一定机械强度、廉价易得的填料，如砂子、砾石、碎石、沸石等是常用的人工湿地填料[34-36]。

1.4.1　传统人工湿地填料

传统人工湿地填料包括砂子、砾石等，李怀正等[37] 和武俊梅等[38] 研究表明，总磷进水浓度分别为 4mg/L 和 0.971mg/L 时，砂子、砾石对总磷去除率较低。王宜明[39] 用人工湿地处理生活污水，采用碎石土壤床和碎石床做人工湿地填料，结果显示碎石土壤床除磷效果较好，但是氨氮的去除率较低。故研究新型人工湿地填料，并通过适当的改性工艺，增加其脱氮除磷效率是十分必要的。

1.4.2　新型人工湿地填料

1.4.2.1　沸石

沸石属于天然矿物，有各种架状结构，内部孔道较多，且沸石表面带负电荷，易与其他金属离子结合，利用该特性可以将其用于湿地填料改性使其负载金属离子，以改善污水中磷的去除效果[40]。

李建霜[41] 研究表明，沸石经过 NaCl 改性后，对氨氮的去除率可以达到 91.66%。肖举强[42] 研究沸石对 TN、COD、TP 的去除效果，最终实验结果显示，沸石对 TN、COD 以及 TP 的去除率分别为 59.44%、70.86% 以及 35.75%。徐丽等[43] 研究表明，未改性沸石作为人工湿地填料，对 10mg/L 含磷废水去除率达到约 78%，经过 NaOH 和 PAC（聚合氯化铝）组合改性后效果最佳，去除率能达到 98.74%。徐丽花等[44] 研究表明当人工湿地填料选用沸石时，除磷效果较低，但去除氨氮效果较好。

1.4.2.2　石灰石

天然石灰石主要成分是 $CaCO_3$，在酸性溶液中溶解出 Ca^{2+}，与磷反应生成沉淀去除磷。石灰石具有价格低廉、存在广泛等优点。史凌楠[45] 研究表明，石灰石填料对 BAF（曝气生物滤池）污染物去除有一定强化作用，氨氮去除率提高 3.78%，TP 去除率提高 6.98%。徐丽等[46] 研究表明，对石灰石进行改性，最佳改性工艺为石灰石前后经过盐酸改性和聚合氯化铝改性，除磷率为 99.24%，吸附量为 0.993mg/g。罗黎煜等[47] 研究制备改性脱氮除磷的材料，硫磺：石灰石体积比为 3：1 时，改性材料脱氮除磷效果最好。MATEUS 等[48] 以芦苇种植在破碎的石灰石填充的人工湿地反应器上，结果表明在试验期，反应器的平均除磷效率为 61%±7%，破碎的石灰石作为人工湿地填料是很有潜力的。

1.4.2.3 麦饭石

麦饭石的组成成分由产地的地质条件所决定。麦饭石的主要成分是无机硅酸盐，包括 SiO_2、FeO、CaO、Fe_3O_4、Al_2O_3、MgO 等。天然麦饭石在废水处理中有很多优势，其有很多微孔结构、无害性、较大的比表面积且含有多种金属元素，是一种廉价的新型矿物，广泛应用于污水处理领域。

宋振扬[35] 研究表明天然麦饭石经高温改性、碱改性、铁盐改性、铝盐改性后，磷初始浓度为 50mg/L 时，铁盐和铝盐改性效果最好，磷的去除率为 19.99%，吸附量为 0.120mg/g。武雪梅[36] 研究表明天然麦饭石去除率较低，对磷的吸附较差。陈琳荔等[49] 研究表明稀土元素改性麦饭石对氨氮和总磷的去除率最高，总磷去除率达到 75%，氨氮去除率达到 89%。

1.4.2.4 固体废弃物

1. 蛋壳

我国废蛋壳资源丰富，将其重新利用有很大的意义。蛋壳内分布着大量的孔道，提供吸附点位，有利于磷的吸附。蛋壳中 $CaCO_3$ 的含量能达到 93%，其中 $CaCO_3$ 和多层细微孔道结构使蛋壳具有更好的吸附性[50]。XU 等[51] 研究表明 $FeCl_3$ 改性后的蛋壳粉除磷率显著提高，可用于工业污水除磷及回收利用。LUNGE 等[52] 研究表明，经过 $Al_2(SO_4)_3$ 改性后的鸡蛋壳对水中氟化物的吸附效果较好，吸附量可达到 37mg/g。

2. 花生壳

目前我国花生壳大量被作为燃料使用甚至直接丢弃，造成资源浪费的同时也一定程度对环境造成影响。花生壳有比表面积大的优点。孙霄[53] 研究载纳米铁花生壳吸附除磷为自发、发热和熵增的过程，对磷有很强的亲和力。GONG 等[54] 研究发现经过干燥的花生壳能吸附废水中的染料。MW[55] 研究表明以花生壳制备活性炭吸附剂去除 Pb^{2+} 有很强的适用性。

3. 牡蛎壳

牡蛎壳主要成分是 $CaCO_3$，具有较高的除磷能力。PARK 等[56] 以牡蛎壳为人工湿地填料除磷，系统运行 240d，通过吸附-沉淀去除的磷为 88%，

7％被植物吸收，除磷率达到 95％。王琦等[57] 研究表明牡蛎壳有较好的吸附除磷性能。

4. 粉煤灰

粉煤灰是一种产量高但是利用率低的废弃物，是燃煤电厂燃烧后产生的废弃物，极容易造成环境污染。但是粉煤灰多孔，有较大的比表面积，具有一定的吸附能力，处理后，可用于水处理领域[58-60]。改性可以有效提高粉煤灰吸附性能。刘志超等研究表明稀土元素镧改性，在最佳工艺条件下，改性粉煤灰对水中的总磷和氨氮去除率分别到达 99.10％和 93.20％[61]。高晓雯[62] 研究表明，在废水初始磷浓度为 30mg/L 时改性粉煤灰除磷的效果较好，磷的去除率为 77.77％，比未改性提高了 40％左右。

5. 秸秆炭

2016 年，我国秸秆可收集量约为 9.0×10^8 t，玉米秸秆约占 39.51％。大部分玉米秸秆的处理方式为焚烧，焚烧的同时导致氮素和碳素流失，最为严重的是导致了环境污染。对玉米秸秆进行碳化，随着碳化温度的升高，玉米秸秆生物炭的表面微孔加剧变形，这有利于提高其吸附性能[63-64]。

6. 废弃砖

随着城市化的建设，建筑垃圾越来越多，废弃红砖是建筑垃圾的一种。2020 年，我国建筑垃圾总量约 20 亿 t，资源利用率约 13％，随着拆除建筑物产生了大量建筑垃圾，其中废弃砖占 50％以上[65]。且随着城市发展，老旧小区拆迁改造，越来越多的建筑垃圾堆积，得不到有效处理，回收利用率较低，造成浪费的同时也造成一定的环境污染，故对建筑垃圾的重新利用有重要的意义。废砖块是建筑垃圾主要组成部分，废弃砖产生量随城市化建设加快而大量增加。通常以红壤烧制而成，具有较高的铁、铝元素，相较于其他湿地填料，其比表面积和微孔体积更大[66-67]。

1.5 填料改性研究目的与意义

随着我国经济的快速发展，用水量也随之增加，进而导致污水处理厂高负荷运转，加重污水处理厂负担。污水处理厂水处理成本高，运行维护较复杂，完全依靠污水处理厂并不十分切实可行。人工湿地可有效净化污水处理厂尾水。本书旨在寻找吸附能力高的人工湿地填料，以常规矿石材料、工业、农业固废等作为吸附材料，研究其吸附性能，通过合适的改性工艺，制作湿地填料，能达到更好的除磷效果，同时具有一定的脱氮能力，从而达到资源化利用，变废为宝，减轻垃圾污染的同时达到了水体净化效果，一举两得。

参考文献

［1］ 冯若时. 小城镇生活污水处理厂的改进工艺比较与应用评价［D］. 长春：东北师范大学，2019.

［2］ 中华人民共和国生态与环境部. 2020 中国生态环境状况公报［R］，2021.

［3］ 管策，郁达伟，郑祥，等. 我国人工湿地在城市污水处理厂尾水脱氮除磷中的研究与应用进展［J］. 农业环境科学学报，2012，31（12）：2309 - 2320.

［4］ 张维蓉，张梦然. 当前我国水污染现状、原因及应对措施研究［J］. 水利技术监督，2020（6）：93 - 98.

［5］ YANG L K，PENG S，ZHAO X H，et al. Development of a two - dimensional eutrophication model in an urban lake（China）and the application of uncertainty analysis［J］. Ecological Modelling，2017，345：63 - 74.

［6］ MORGANE L M，CHANTAL G O，ALAIN M，et al. Eutrophication：A new wine in an old bottle？［J］. Science of the Total Environment，2019，651：1 - 11.

［7］ JOHN M，TIMOTHY J，KENNETH C，et al. Water quality indicators and therisk of illness at beaches with nonpoint sources of fecal contamination［J］. Epidemiology，2007，18（1）：27 - 35.

［8］ WANG J，FU Z，QIAO H，et al. Assessment of eutrophication and water quality in the estuarine area of Lake Wuli，Lake Taihu，China［J］. Science of the Total Environment，2019，650：1392 - 1402.

［9］ CHISLOCK M F，DOSTER E，ZITOMERR A，et al. Eutrophication：causes，consequences，and controls in aquatic ecosystems［J］. Nature Education Knowledge，2013，4（4）：10.

［10］ 秦伯强，高光，朱广伟，等. 湖泊富营养化及其生态系统响应［J］. 科学通报，2013，58（10）：855 - 864.

［11］ MEI C，CHRETIEN R L，AMARADASA B S，et al. Characterization of Phosphate Solubilizing Bacterial Endophytes and Plantgrowth Promotion In Vitro and ingreenhouse［J］. Microorganisms，2021，9（9）：1935.

［12］ 米博义. 探析我国城镇污水处理厂现状与发展趋势［J］. 城市建设理论研究（电子版），2018（22）：153.

［13］ TANG W，PEI Y，ZHENG H，et al. Twenty years of China's water pollution control：Experiences and challenges［J］. Chemosphere，2022，295：133875.

［14］ 人民出版社. 水污染防治行动计划［M］. 北京：人民出版社，2015.

［15］ 张鹤清，朱帅，吴振军，等. 城镇污水处理厂"准Ⅳ类"标准提标改造技术简析［J］. 环境工程，2019，37（6）：26 - 30，36.

［16］ 钱林，薛哲骅，王首都. 城市污水厂一级 A 排放标准提标改造工艺设计［J］. 净水技术，2020，39（4）：39 - 44.

［17］ 马琳，贺锋. 我国农村生活污水组合处理技术研究进展［J］. 水处理技术，2014，40（10）：1 - 5.

[18] CRITESR W，REED S C，BASTIAN R. Land Treatment Systems for Municipal and Industrial Wastes [M]. New York City：McGraw-Hill，2000.

[19] NELSON M，ODUMH T，BROWN M T，et al. "Living off the Land"：Resource Efficiency of Wetland Wastewater Treatment [J]. 2001，27（9）：1547-1556.

[20] 徐新阳，于锋. 污水处理工程设计 [M]. 北京：化学工业出版社，2003.

[21] 宫宇周，徐建宇. 铝盐深度除磷实验研究 [J]. 山西建筑，2009，35（16）：181-183.

[22] KUBA T，LOOSDRECHT M C M V，BRANDSE F A，et al. Occurrence of denitrifying phosphorus removing bacteria in modified UCT-type wastewater treatment plants [J]. Water Research，1997，31（4）.

[23] 常会庆，王浩. 城市尾水深度处理工艺及效果研究 [J]. 生态环境学报，2015，24（3）：457-462.

[24] 王琳，田璐. 曝气生物滤池脱氮研究进展 [J]. 水处理技术，2018，44（7）：1-5.

[25] 赵冰，王军，田蒙奎. 我国膜分离技术及产业发展现状 [J]. 现代化工，2021，41（2）：6-10.

[26] 张哲妍. 复合生物滤池深度处理城镇污水厂尾水的工艺研究 [D]. 杭州：浙江大学，2020.

[27] ZHOU Q X，ZHANG Q R，SUN T H. Technical innovation of land treatment systems for municipal wastewater in northeast China [J]. Pedosphere，2006，16（3）：297-303.

[28] HOPKE P K，PLEWA M J，STAPLETON P. Reduction of mutagenicity of municipal wastewaters by land treatment [J]. Science of the Total Environment，1987，66：193-202.

[29] 杨文涛，刘春平，文红艳. 浅谈污水土地处理系统 [J]. 土壤通报，2007（2）：394-398.

[30] 万正芬. 城镇污水处理厂出水中氮磷高效吸附填料的筛选 [D]. 青岛：中国海洋大学，2015.

[31] KURNIAWAN T A，CHAN G，LO W，et al. Comparisons of low-cost adsorbents for treating wastewaters laden withheavy metals [J]. Science of the Total Environment，2006，366（2-3）：409-426.

[32] PARDE D，PATWA A，SHUKLA A，et al. Areview of constructed wetland on type，treatment and technology of wastewater [J]. Environmental Technology & Innovation，2020，21（4）：101261.

[33] 魏俊，赵梦飞，刘伟荣，等. 我国尾水型人工湿地发展现状 [J]. 中国给水排水，2019（2）：29-33.

[34] 王振，刘超翔，董健，等. 人工湿地中除磷填料的筛选及其除磷能力 [J]. 中国环境科学，2013，33（2）：227-233.

[35] 宋振扬. 天然及改性吸附剂对废水中磷的吸附研究 [D]. 石家庄：河北科技大学，2017.

[36] 武雪梅. 天然矿物类吸附剂的复合改性及脱氮除磷性能研究 [D]. 武汉：华中科技大学，2019.

［37］ 李怀正，叶建锋，徐祖信. 几种经济型人工湿地基质的除污效能分析［J］. 中国给水排水，2007（19）：27－30.

［38］ 武俊梅，王荣，徐栋，等. 垂直流人工湿地不同填料长期运行效果研究［J］. 中国环境科学，2010，30（5）：633－638.

［39］ 王宜明. 人工湿地净化机理和影响因素探讨［J］. 昆明冶金高等专科学校学报，2000，16（2）：1－6.

［40］ 赵丹，王曙光，栾兆坤，等. 改性斜发沸石吸附水中氨氮的研究［J］. 环境化学，2003，22（1）：59－63.

［41］ 李建霜. 沸石对生活污水氨氮处理的研究［D］. 重庆：重庆交通大学，2014.

［42］ 肖举强，活化沸石去除废水中氨氮的研究［J］. 兰州铁道学院学报，1995，14（1）：19－21.

［43］ 徐丽，徐子祥. 沸石的改性工艺及其吸附除磷特性研究［J］. 工业水处理，2021，41（9）：135－139.

［44］ 徐丽花，周琪. 不同填料人工湿地处理系统的净化能力研究［J］. 上海环境科学，2002，21（10）：603－605.

［45］ 史凌楠. 石灰石/富铁填料强化 BAF 脱氮除磷的试验研究［D］. 兰州：兰州交通大学，2019.

［46］ 徐丽，范莉婷. 组合改性石灰石对农村分散性生活污水除磷性能研究［J］. 沈阳建筑大学学报（自然科学版），2021，37（4）：753－759.

［47］ 罗黎煜，周立松，王梦良，等. 石灰石改性硫磺材料深度脱氮除磷研究［J］. 工业水处理，2022，42（1）：77－84.

［48］ MATEUS D，VAZ M，PINHO H. Fragmented limestone wastes as a constructed wetland substrate for phosphorus removal［J］. Ecological Engineering，2012，41：65－69.

［49］ 陈琳荔，邹华. 改性麦饭石对水中氮磷的去除［J］. 食品与生物技术学报，2015，34（3）：283－290.

［50］ 何雯菁，杨曙明，张国友. 蛋壳作为吸附材料的研究进展［J］. 农业工程学报，2016，32（z2）：297－303.

［51］ XU L，GAO X. Adsorption Performance of Phosphorus from Industrial Sewage on Ferric Chloride－eggshell［C］//IOP Conference Series：Materials Science and Engineering. IOP Publishing，2018，452（2）：022166.

［52］ LUNGE S，THAKRE D，KAMBLE S，et al. Alumina supported carbon composite material with exceptionally high defluoridation property from eggshell waste［J］. Journal of Hazardous Materials，2012，237－238：161－169.

［53］ 孙霄. 载纳米铁花生壳的制备及其吸附除磷性能研究［D］. 上海：华东理工大学，2016.

［54］ GONG R，DING Y，LI M，et al. Utilization of powdered peanuthull as biosorbent forremoval of anionic dyes from aqueous solution［J］. Dyes and Pigments，2005，64（3）：187－192.

［55］ MW A，PN B. Simultaneousremoval of lead（II）ions and poly（acrylic acid）macromolecules from liquid phase using of biocarbons obtained from corncob and peanut shell precursor [J]. Journal of Molecular Liquids，296（C）：111806.

[56] PARK W，POLPRASERT C. Roles of oyster shells in an integrated constructed wet-land system designed for Premoval [J]. Ecological Engineering，2008，34（1）：50－56.

[57] 王琦，石雷，杨小丽，等. 废弃生物质强化生态袋脱氮除磷的效果 [J]. 东南大学学报（自然科学版），2021，51（1）：138－144.

[58] 魏林宏，叶念军，朱春芳，等. 露天堆放粉煤灰对地下水的污染研究 [J]. 高校地质学报，2013，19（4）：683－691.

[59] LIU J，WAN L，LING Z，et al. Effect of pH，ionic strength，and temperature on the phosphate adsorption onto lanthanum－doped activated carbon fiber [J]. Journal of Colloid & Interface Science，2011，364（2）：490－496.

[60] REITZEF K，ANDERSEN F，EGEMOSE S，et al. Phosphate adsorption by lantha-num modified bentonite clay in fresh and brackish water [J]. Waterresearch，2013，47（8）：2787－2796.

[61] 刘志超，史晓燕，李艳根，等. 镧改性粉煤灰及其脱氮除磷效果研究 [J]. 化工新型材料，2018，46（2）：205－208.

[62] 高晓雯. 铁盐化学强化三种吸附材料的除磷特性研究 [D]. 沈阳：沈阳建筑大学，2019.

[63] 崔明，赵立欣，田宜水，等. 中国主要农作物秸秆资源能源化利用分析评价 [J]. 农业工程学报，2008，24（12）：291－296.

[64] 张璐. 玉米秸秆生物炭对氮磷的吸附特性及其对土壤氮磷吸附特性的影响 [D]. 长春：吉林大学，2016.

[65] 王琼，於林锋，方倩倩，等. 国内外建筑垃圾综合利用现状和国内发展建议 [J]. 粉煤灰，2014，26（4）：19－21.

[66] 石文祥. 低温条件下建筑废弃砖块对水体中磷的吸附特征研究 [D]. 南京：南京信息工程大学，2018.

[67] 濮玥瑶. 改性废弃红砖对径流水体中磷的去除性能研究 [D]. 南京：南京信息工程大学，2019.

2 人工湿地填料的改性方法

2.1 湿地填料改性的目的和意义

随着社会的不断发展，用水量不断增加，同时，污水排水标准不断提升，尤其对于氮磷排放标准的提升，使得处理成本提高，给污水处理厂带来了巨大压力。同时，农村生活污水排入自然水体之前没有处理或只进行简单处理，污染自然水体，直接威胁饮用水水源地的安全。大量的氮磷等营养元素，加剧了我国淡水资源短缺的问题。农村分散生活污水排放量大，涉及范围广，成为我国建设新农村的重要问题。对于污水的深度除磷是减轻农村分散性生活污水和水体富营养化的重要途径。

现有的生物法、化学法、吸附法和人工湿地处理技术对农村生活污水的处理都存在着缺陷。生物法运行复杂，前期造价高昂，受温度、水质、水量影响大，对人员操作要求高；化学法投加化学药剂需要配合出水的水质、水量，以免造成二次污染，需要对产生的化学污泥进行妥善处理，运行成本高；吸附法效果稳定，处理速度快，但是在吸附剂的选择上需要考虑经济性与吸附容量；人工湿地法受温度与季节影响大。天然材料吸附能力优秀，价廉易得并且对环境友好，避免了对资源的浪费，但是相较于经过改性的吸附剂在对污水处理上，仍有较大差距。所以对人工湿地填料进行酸改性、碱改性、无机盐改性与组合改性，可以强化其吸附能力，增加吸附容量。从现有的各种矿物中选择对有机污染物或氮、磷有很好吸附效果，透水性好且孔隙度大、适合微生物生长的矿物来作为人工湿地的基质，并根据水污染物的性质对传统材料进行加工配合并进行改性优化，选择具有针对性的基质，如进水磷含量高，可选富含铝钙等对磷去除效果好的填料，通过填料的配合和改性优化，可以改变空间结构或改变功能团结构，提高吸附量，加强对目标污染物的去除作用。

2.2　吸附剂的改性方法

2.2.1　热改性

2.2.1.1　改性工艺

在高温下将人工湿地填料进行焙烧，然后再经冷却、研磨、过筛的过程就称为热改性。热改性的原理是利用高温焙烧将无机人工湿地填料表面和结构骨架中存在的水分去除，达到增大人工湿地填料的比表面积以及减小水膜在吸附过程中的阻力的目的，从而提高人工湿地填料的吸附能力[1]。在热改性的过程中必须对改性的时间和温度进行严格控制，因为焙烧的温度过高，会破坏某些骨架结构丧失离子交换能力，人工湿地填料的吸附性能无法得到有效的提升[2]。热改性具有廉价、不引入其他化学物质、易操作、改性后吸附效果好等优点。然而它们存在的主要问题是吸附效率低，材料的利用效率低等。填料在高温焙烧后，比表面积会在一定程度上增加，从而增加活性吸附点位，填料的吸附性能进一步提高。因此需要通过热改性处理后克服上述缺点。

2.2.1.2　不同填料热改性的研究进展

热改性是牡蛎壳粉最常用的改性方法。通过高温焙烧使牡蛎壳中的有机质分解而形成更多、更复杂的微孔道，提高了牡蛎壳粉的吸附效果[3-4]。高温焙烧后的牡蛎壳更容易被粉碎成粒度更小的颗粒，焙烧温度越高，其吸附力越强。当温度超过 600℃后，牡蛎壳主要成分 $CaCO_3$ 开始分解，产生强碱性物质 CaO，其水化物对于某些对碱性物质亲和性好的物质具有更好的吸附效果。在溶液中的 $Ca(OH)_2$ 容易与空气中 CO_2 反应生成 $CaCO_3$ 沉淀，从而使被吸附物质沉淀下来。而且 $CaCO_3$ 的分解会造成牡蛎壳粉内部结构的崩塌，产生更多的微孔道[5]。当牡蛎壳粉经过 200℃热改性后，其对刚果红的吸附率为 80.94%；当牡蛎壳粉经过 400℃热改性后，其对刚果红的吸附率为 91.12%；当牡蛎壳粉经过 700℃热改性后，其在不同粒度大小下对刚果红的吸附率均较相应的加热至 200℃和 400℃的牡蛎壳粉有较大的提高，热改性粉对刚果红吸附率可达到 99.48%，接近 100%，吸附量为 325.91mg/g[6]。

对不同温度热改性的生物 $CaCO_3$（鸡蛋壳、牡蛎壳）去除 Pb(II) 的研究结果表明，随着热改性温度的升高，生物 $CaCO_3$ 对 Pb(II) 的去除效率呈先降后增的规律。等温吸附结果表明生物 $CaCO_3$ 经 500℃热改性后，去除了吸附剂表面的有机官能团，从而导致吸附容量下降，对 $Pb(II)$ 的吸附容量比原始生物 $CaCO_3$ 约下降了 18%，当热改性温度升至 700℃、900℃ 时，热改性生物 $CaCO_3$ 的物相由 $CaCO_3$ 转化为 CaO，且比表面积增加，从而以化学沉淀和离子交换的形式去除了水溶液中的 $Pb(II)$，对 $Pb(II)$ 的最大吸附容量分别为 3420.0mg/g 和 3600.6mg/g，是普通生物 $CaCO_3$ 的 3.0 倍、2.5倍，且动力学结果表明 900℃ 热改性的生物 $CaCO_3$ 能在 15min 时达到动力学平衡，具有优异的动力学性能[7]。

以黏土矿物材料富钙海泡石为研究对象对水体中砷进行去除时发现，不同温度热改性的海泡石对 As^{3+} 吸附性能差异很大[8]。400℃ 及以下温度的热改性对海泡石的吸附性能没有影响，但随着温度的升高，热处理海泡石对 As^{3+} 的吸附性能明显提高；海泡石在 800℃ 和 900℃ 改性时吸附性能最佳，800℃ 热改性海泡石对浓度为 50mg/L 和 400mg/L 的 As^{3+} 溶液的吸附量达到了 2.49mg/g 和 19.8mg/g，900℃ 热改性海泡石的吸附量为 2.48mg/g 和 19.5mg/g，略有减少；且 800℃ 和 900℃ 热改性海泡石对不同浓度的 As^{3+} 溶液的去除率都能达到98%以上。800℃ 和 900℃ 热改性海泡石对 As^{3+} 溶液的去除率和吸附量表现出相同的规律，即随着初始溶液浓度的升高，去除率和吸附量都增大[9]。

2.2.2 化学改性

2.2.2.1 常用化学改良剂

常用的化学改良剂有盐酸、硫酸、甲酸、乙酸、丙二酸、氢氧化钠、氢氧化钙、氯化铁、氯化铝、聚合氯化铝、磷酸二氢钾、氯化铵、七水合氯化镧、无水氯化钙、硫酸镁、氯化锌等。

2.2.2.2 酸改性

酸改性中使用的无机酸（如 HCl、H_2SO_4）可以溶解堵塞在矿物材料孔隙中的杂质，酸中的 H^+ 离子可以置换人工湿地填料结构中的 Na^+、Ca^{2+}、Mg^{2+}、Al^{3+} 离子，增大孔隙的有效空间，进一步强化吸附能力[10]。但是大量的酸导致过量离子溶出会破坏填料的晶体结构，导致孔隙坍塌[11]。有机酸（如甲酸、乙酸、丙二酸等）改性相对无机酸改性温和，不容易破坏人工湿地填料结构，但是在扩大孔隙有效空间，增大比表面积从而增加吸附点位方面不如无机酸有效。

以沸石为例，原沸石的氨氮去除率为 60.68%，其中，乙酸和柠檬酸改性研究表明沸石随着改性剂浓度的增加，对氨氮的去除率先增加后略有降低，乙酸和柠檬酸改性沸石分别在改性剂浓度 0.05mol/L 和 0.01mol/L 时，氨氮去除率均达到最大值，分别为 77.38%、81.88%。用 HCl 对石灰石进行改性后，整体的除磷效果都比未改性前的石灰石除磷效果明显提高，HCl 溶液浓度从 1.0mol/L 上升到 2.5mol/L，除磷率从 75.59％上升到 82.71％，在 2.5mol/L 盐酸改性液的作用下，磷的吸附量达到 1.654mg/g，磷的去除率达到最高约为 82.71％，比未改性之前的石灰石除磷率上升了 21.54％[12]。

2.2.2.3 碱改性

碱改性中使用的碱可以溶解堵塞在矿物材料孔隙中的杂质，达到疏通孔道、改善孔隙结构，增大比表面积的目的，有利于提高矿石材料对污染物质的吸附性能。如碱改性沸石时，沸石中的硅被选择性地去除掉，沸石的硅铝比得以下降，碱金属阳离子进入到沸石中去，因此提高了与硅铝比相关的离子交换能力。碱改性粉煤灰的研究表明，粉煤灰溶出的 OH^- 和碱改性剂中的 Na^+、K^+ 等阳离子破坏粉煤灰玻璃体中 Si—O 键和 Al—O 键，解聚硅酸盐玻璃网络，进而促使粉煤灰形成沸石分子筛骨架，并增加活性点，从而增强物理化学吸附性能[13]。

如未改性前的废弃红砖对磷的去除率为 21.05％，对氨氮的去除率为 11.76％，当用碱改性剂改性废弃红砖后，NaOH 浓度为 1mol/L 时，总磷去除率为 98.18％，相较于未改性前提高了 77.13％，吸附量是 0.065mg/g，氨氮去除率为 69.57％，比未改性前提高了 57.81％，吸附量是 0.371mg/g，此时总磷吸附量比未改性废弃砖高 0.024mg/g，增加了约 58％，氨氮吸附量比未改性高 0.081mg/g，增加了约 29％，此时使用碱改性的废砖除氮磷效果最好[14]。又如当使用 NaOH 改性稻壳炭时，NaOH 溶液浓度从 1.0mol/L 上升到 2.0mol/L 时，除磷率由 72.1％上升到 85.2％，平衡吸附量从 0.721mg/g 上升到 0.852mg/g，这是因为稻壳炭骨架中的一部分 SiO_2 溶解于 NaOH 溶液中，扩宽了稻壳炭的孔道，增加了比表面积，这与原始的未改性稻壳炭的除磷率 61.2％相比，提高了 24.0％[15]。

2.2.2.4 无机盐改性

无机盐改性就是当人工湿地填料为部分天然矿石时，在一定温度下将天然矿石浸泡于以钠盐、铝盐、铁盐为主的无机盐溶液中对其加以改性。无机盐改性是因为部分天然矿石本身就具有离子交换能力，如铁盐除磷是利用 Fe^{3+} 离子可以与 PO_4^{3-} 离子反应生成磷酸盐沉淀，也可以生成金属氧化物[16]；如铝盐改性是 Al^{3+} 与 PO_4^{3-} 化合，形成难溶的 $AlPO_4$，通过沉淀去除；对于硅酸盐矿物，盐溶液中的金属阳离子可以与部分矿石结构中的 Ca^{2+}、Al^{3+} 离子相互置换，增强天然矿石填料的离子交换能力，扩大孔隙有效空间，增大比表面积，提高吸附能力。同时对于这类硅酸盐矿物，氧硅四面体上的负电荷可以被盐溶液中的金属离子平衡，层间阳离子因为骨架中的低电价大半径离子不能与单元层之间产生较强的作用力而具有交换性。层间水分子可以将部分天然矿石剥离成更薄的单层晶体，增加天然矿石填料的带电性和比表面积，使其具有更强的吸附作用[17]。

以沸石为例，化学改性剂种类不同，改性沸石对氨氮的去除率差异较大，但均高于原沸石的氨氮去除率。HDTMA（十六烷基三甲基溴化铵）改性沸石去除氨氮的效果和原沸石相比，略有提高，在 HDTMA 浓度为 0.05mol/L 时，改性沸石对氨氮去除率最高，为 64.50%，比原沸石仅提高了 3.78%，说明 HDTMA 改性沸石去除水中氨氮效果一般。随着柠檬酸钠、SDS（十二烷基硫酸钠）、NaCl 改性浓度的增加，所得改性沸石的氨氮去除率呈先增加后基本保持不变的趋势[18]。当改性剂柠檬酸钠浓度为 0.05mol/L 时，改性沸石对氨氮去除率可达到 98.14%；当改性剂 SDS 浓度为 0.1mol/L 时，改性沸石对氨氮去除率可达到 97.00%；当改性剂 NaCl 浓度为 0.2mol/L 时，沸石对氨氮去除率可达到 93.50%；分别比原沸石提高了 37.46%、36.32%、32.82%[19]。从而说明，无机钠盐可使沸石的氨氮去除效果有明显改善。

2.2.3 组合改性

组合改性是选择 HCl、FeCl$_3$、AlCl$_3$、PAC 等化学药剂或马弗炉加热对人工湿地填料进行单一改性实验，通过最佳的单一改性的结果进一步筛选出组合改性方案，对人工湿地填料进行组合改性，以此加强对目标污染物的去除作用。

2.2.3.1 酸＋盐组合改性

麦饭石作为填料时，通过实验得到天然麦饭石分别经过 2.0mol/L 的 HCl 溶液、0.5mol/L 的 FeCl$_3$ 溶液、1.0mol/L 的 AlCl$_3$ 溶液、10% 的 PAC 溶液改性时所达到的除磷率最高。将经过 2.0mol/L 的 HCl 溶液改性的麦饭石用蒸馏水清洗干净，烘干后分别加入到 0.5mol/L 的 FeCl$_3$ 溶液、1.0mol/L 的 AlCl$_3$ 溶液、10% 的 PAC 溶液中，经筛选后显示经 HCl 溶液和 FeCl$_3$ 溶液组合改性效果最好，除磷率达到 98.2%，平衡吸附量为 0.327mg/g；经 HCl 溶液和 AlCl$_3$ 溶液组合改性除磷率达到 96.8%，平衡吸附量为 0.323mg/g；经 HCl 溶液和 PAC 溶液组合改性除磷率达到 95.4%，平衡吸附量 0.318mg/g。经组合改性的麦饭石除磷率均相对于单一改性提高，推测因为盐酸清除麦饭石孔隙中杂质，增加麦饭石与改性剂的接触面积，使反应进行更加完全[20]。

石灰石作为人工湿地填料时，经 HCl 溶液单一改性后所得到的最高吸附量为 1.654mg/g，最高除磷率约为 82.71%；经 PAC 溶液单一改性后所得到的最高吸附量为 1.836mg/g，最高除磷率约为 91.79%；将石灰石进行酸改性和盐改性组合改性，将 2.5mol/L 的 HCl 溶液改性后的石灰石干燥后加入 0.5mol/L 的 PAC 溶液，结果组合改性后的石灰石的吸附量高达 1.908mg/g，去磷率高达到 95.38%，整体比未改性石灰石除磷率提高了 46.04%，远远得高于单一的酸改性和盐改性[21]。

当对粉煤灰陶粒进行改性后，结果表明先后经过 HCl 溶液和 PAC 溶液组合改性的粉煤灰陶粒的吸附量达到 0.973mg/g，除磷率高达到 97.29%，而经单一 HCl 溶液改性后所得到的粉煤灰陶粒吸附量为 0.8271mg/g，除磷率约为 82.71%；经 PAC 溶液单一改性后所得到的吸附量为 0.947mg/g，除磷率约为 94.66%；相比之下酸＋盐组合改性粉煤灰陶粒比单一的盐酸、PAC 改性除磷率增幅了 14.58%、2.67%[22]。

2.2.3.2 碱＋盐组合改性

以稻壳炭为填料时，通过实验得到的 1.0mol/L 的 HCl 溶液改性的稻壳炭用蒸馏水清洗干净，烘干后分别加入到 0.3mol/L 的 $FeCl_3$ 溶液（HCl -$FeCl_3$）、0.5mol/L 的 $AlCl_3$ 溶液（HCl - $AlCl_3$）中；将经过 2.0mol/L 的 NaOH 溶液改性的稻壳炭用蒸馏水清洗干净，烘干后分别加入到 0.3mol/L 的 $FeCl_3$ 溶液（Na - $FeCl_3$）、0.5mol/L 的 $AlCl_3$ 溶液（Na - $AlCl_3$）中，经 Na - $FeCl_3$ 改性稻壳炭除磷率为 96.7%，经 Na - $AlCl_3$ 改性稻壳炭除磷率为 98.9%。这是因为经 NaOH 溶液改性后的稻壳炭会负载一部分 OH^-，再经 $AlCl_3$ 和 $FeCl_3$ 溶液改性，稻壳炭不仅负载 Fe^{3+}、Al^{3+} 离子，同时还会生成 $Fe(OH)_3$、$Al(OH)_3$ 胶体。这些金属离子与氢氧化物、PO_4^{3-} 发生配位体产生沉淀，生成难溶的磷酸盐沉淀[23]。同时产生的胶体负载于稻壳炭上，产生絮凝体，提高除磷率。

当对沸石使用 NaOH 改性剂时，浓度由 1.0mol/L 提高到 2.0mol/L，沸石的除磷率由 86.93% 提升到 92.49%。当使用 $FeCl_3$ 改性剂时浓度由 0.1mol/L 提高到 0.4mol/L 时，沸石的除磷率由 88.34% 提升到 94.97%。沸石经 0.4mol/L $FeCl_3$ 溶液改性后，除磷率比未改性之前提高了 21.97%。当改性剂 PAC 浓度为 0.5mol/L 时，与未改性沸石相比除磷率有大幅度提高，当 PAC 浓度提高到 2.0mol/L 时，除磷率提高至 95.18%，此时除磷率达到最高，除磷率比未改性之前提高了 22.06%。进行不同种改性剂搭配的组合改性后，其中 PAC 和 NaOH 组合改性沸石效果最好，除磷率高达 98.74%；比未改性之前提高了 25.62%[24]。

2.2.3.3 盐＋盐组合改性

以玉米秸秆炭为填料时，未改性玉米秸秆炭的表面沟壑不规则，有杂乱无章的空隙，且未改性秸秆炭对氨氮去除效果一般，但是有释放磷的效果，当投加量为 0.1g，反应到达 12h，未改性秸秆炭脱氮去除效果基本达到稳定，释磷量较小，此时，氨氮去除率为 65.00%、吸附量为 2.600mg/g[25]。而经过 $ZnCl_2$ -七水合氯化镧改性后的玉米秸秆炭表面溶出孔洞，且孔洞排序规则有序，大小均匀。$ZnCl_2$ -七水合氯化镧改变了玉米秸秆炭的表面形状，增加了玉米秸秆炭的比表面积，为吸附脱氮除磷提供了更多吸附点位，有利于改性玉米秸秆炭对氨氮和磷的去除，当七水合氯化镧的浓度为 0.5mol/L 时，此时磷和氨氮的去除效果最好，磷去除率为 98.95%、吸附量为 0.990mg/g，氨氮去除率为 35.22%、吸附量为 2.018mg/g[26]。

2.2.3.4　热＋碱组合改性

对于钢渣填料，经过碱和焙烧这 2 种改性方法后其对磷酸盐的吸附量分别为 12.29mg/g 和 11.79mg/g，比未改性钢渣的吸附量（8.33mg/g）分别提高了 50.75% 和 41.54%。焙烧温度低于 800℃时，钢渣颗粒对模拟废水中磷酸盐的吸附性能随着温度的升高逐渐增加，吸附量从 8.50mg/g 增加到 12.29mg/g；此后随着焙烧温度的继续增加，钢渣颗粒对磷酸盐的吸附量由 13.39mg/g 急剧下降到 7.77mg/g。钢渣在 3mol/L 的 NaOH 改性剂中浸泡 24h 后，再经温度 800℃ 的焙烧，此时组合改性钢渣对于磷酸盐的吸附量为 13.39mg/g，较之未改性钢渣颗粒提高了 60.75%，同时也高于单一改性钢渣的除磷率[27]。

2.2.3.5　热＋盐组合改性

以煤矸石为填料时，对污水中磷的最大饱和吸附量为 7.07mg/g。原煤矸石经 800℃ 热改性后，主要化学成分含量没有发生太大变化，仍为 SiO_2、Al_2O_3、Fe_2O_3、CaO[28]。吸附反应温度为 20℃时，热改性煤矸石的吸附量为 17.547mg/g；反应温度为 30℃时，其吸附量为 19.662mg/g；反应温度为 40℃时，其吸附量增加到 27.457mg/g，比未改性煤矸石的吸附量提高了 288%；当温度超过 60℃后，温度上升，吸附量不再增加，趋于饱和。这说明温度升高，加剧了分子的运动，使 PO_4^{3-} 与热改性煤矸石充分碰撞，提高了扩散速率，并且温度升高会使 PO_4^{3-} 赋予更多能量可以克服吸附活化能从而被吸附，所以吸附量增加[29]。锌改性煤矸石的主要化学成分发生了变化，ZnO 含量大大增高，且相对含量约为 49.6%。由扫描电子显微镜（Scanning Electron Microscope，SEM）分析得，锌改性煤矸石存在大量致密的颗粒物质和大量孔状结构，表面相对粗糙，增加了与吸附质的接触面积，显著提高了煤矸石的吸附能力。由 X 射线衍射（X-Ray Diffraction，XRD）分析得，锌改性煤矸石与热改性煤矸石峰形基本一致，锌改性后形成了大量的非晶态物质；大量锌已经负载在了煤矸石上，可能以 $Zn(OH)_2$ 的形式存在，改变了热改性煤矸石的结构，拥有更多的含氧官能团，大大提高了吸附效率。热改性煤矸石吸附量为 7.79mg/g，而热改性、锌改性煤矸石的吸附量为 17.76mg/g，说明 $ZnCl_2$ 改性组合热改性煤矸石对其吸附能力有显著提高作用[30]。

参考文献

[1]　耿振香，李江丽，李晋平，等. 氯化钠联合加热改性沸石处理亚甲基蓝废水的实验

研究 [J]. 山东化工，2018，47（5）：153 - 154.

[2] 杨维，杨军锋，王立东，等. 阴/阳离子有机膨润土制备及其对苯酚吸附性能的实验研究 [J]. 环境污染与防治，2007（10）：725 - 730.

[3] 李龙飞，秦小明，周翠平，等. 牡蛎壳的综合利用 [J]. 北京农业，2014（27）：134 - 136.

[4] 王淇. 牡蛎壳废弃物综合利用探讨 [J]. 科技资讯，2018，16（21）：107 - 108.

[5] YEN H Y，LI J Y. Process optimization for Ni（Ⅱ）removal from wastewater by calcined oyster shell powders using Taguchi method [J]. Environ Manage，2015，161：344 - 349.

[6] 王松刚，雷阳，洪艺萍，等. 热改性牡蛎壳粉吸附性能研究 [J]. 海峡科学，2019（11）：18 - 22.

[7] 徐思. 热改性环境友好型材料对水体重金属锑、铅的吸附性能研究 [D]. 广州：华南理工大学，2020.

[8] 孙约兵，徐应明，史新，等. 海泡石对矫污染红壤的纯化修复效应研究 [J]. 环境科学学报，2012，32（6）：1465 - 1472.

[9] 张清. 黏土矿物材料对水体中砷和重金属的控制研究 [D]. 南京：南京理工大学，2015.

[10] 聂发辉，吴钦，吴道，等. 改性蒙脱石在污水处理中的应用现状及进展 [J]. 应用化工，2021，50（3）：805 - 811.

[11] 徐丽颖，崔亮，刘金环，等. 碱酸联合处理介孔改性丝光沸石及其结构表征 [J]. 石油化工，2014，43（5）：505 - 510.

[12] 王萌. 沸石的改性及其对氨氮与重金属的吸附研究 [D]. 长春：吉林大学，2013.

[13] 思宇，张建民，张涛，等. 改性沸石对水中氨氮的去除效果 [J]. 西安工程大学学报，2014，28（3）：329 - 332.

[14] 石文祥. 低温条件下建筑废弃砖块对水体中磷的吸附特征研究 [D]. 南京：南京信息工程大学，2018.

[15] 李楠，单保庆，唐文忠，等. 稻壳活性炭制备及其对磷的吸附 [J]. 环境工程学报，2013，7（3）：1024 - 1028.

[16] 许冉冉，张新颖，李杰. 天然斜发沸石吸附 NH_4^+ 特性与改性吸附研究 [J]. 净水技术，2014，33（s2）：60 - 64，68.

[17] 米璇，郭睿，王文姬. 铝改性凹凸棒土吸附剂在含氟废水中的应用 [J]. 非金属矿，2019，42（4）：86 - 89.

[18] 郭俊元，王彬. HDTMA 改性沸石的制备及吸附废水中对硝基苯酚的性能和动力学 [J]. 环境科学，2016，37（5）：1852 - 1857.

[19] 黄林，刘永德. 改性沸石深度脱氮除磷的效果研究 [J]. 天津科技，2016，43（6）：60 - 62.

[20] 王银叶，马育莲，史艳娇. 活性麦饭石孔结构的探讨及应用 [J]. 天津化工，2003（2）：7 - 9.

[21] 徐丽，范莉婷. 组合改性石灰石对农村分散性生活污水除磷性能研究 [J]. 沈阳建筑大学学报（自然科学版），2021，37（4）：7.

[22] 高晓雯. 铁盐化学强化三种吸附材料的除磷特性研究 [D]. 沈阳：沈阳建筑大

学，2019.

［23］ 柏茜. 改性稻壳基活性炭对去除污水中总磷的效果研究［D］. 昆明：昆明理工大学，2019.

［24］ 徐丽，徐子祥. 沸石的改性工艺及其吸附除磷特性研究［J］. 工业水处理，2021，41（9）：135－139.

［25］ 崔明，赵立欣，田宜水，等. 中国主要农作物秸秆资源能源化利用分析评价［J］. 农业工程学报，2008，24（12）：6.

［26］ 林兵，杨新敏，李丽娜. 碳化秸秆对城市生活污水中氮磷吸附效能的研究［J］. 安徽农学通报，2017，23（14）：3.

［27］ 王会刚，彭犇，岳昌盛，等. 钢渣改性研究进展及展望［J］. 环境工程，2020，38（5）：106，133－137.

［28］ 杜明展，陈莉荣，李玉梅，等. 煤矸石的改性及其对稀土生产废水中氨氮的吸附［J］. 化工环保，2012，32（4）：377－380.

［29］ 李永峰，王万绪，杨效益. 煤矸石热活化及影响因素［J］. 煤炭转化，2007（1）：52－56.

［30］ 张梦瑶. 改性煤矸石吸附剂的制备及其去除水中磷的研究［D］. 成都：西南交通大学，2020.

3 沸　　石

3.1　沸石吸附剂的制备

3.1.1　天然沸石吸附剂的制备

将天然沸石经过去离子水冲洗并煮沸 30min 去除沸石孔隙中的杂质，于干燥箱中 105℃条件下烘干、研磨，留作备用。

3.1.2　改性沸石吸附剂的制备

将天然沸石经过去离子水冲洗并煮沸 30min 去除沸石孔隙中的杂质，于干燥箱中 105℃条件下烘干、研磨，过 50 目筛，留作备用。将 1.5g 干燥沸石，加入到 100mL 浓度分别为 0.1％、0.2％、0.3％、0.5％ 和 1.0％ 的 FeCl₃ 溶液中，在 25℃条件下恒温振荡 24h，进行充分接触反应改性，将沸石用蒸馏水清洗并在转速 4000r/min 条件下离心 5min，重复 3 次，在 105℃条件下烘干得到改性沸石。在锥形瓶中盛有浓度为 50mg/L 的磷酸盐溶液，取经过不同浓度 FeCl₃ 溶液改性后的沸石各 1.5g 加入锥形瓶中，在 25℃条件下反应 12h，实验以 FeCl₃ 溶液浓度为 0％时做空白实验。反应后的上清液先经过离心处理，然后经过 0.45μm 滤膜过滤，测定废水中剩余磷浓度。改性剂浓度对除磷率的影响如图 3-1 所示。

由图 3-1 可知，当改性剂浓度为 0 的空白实验中，天然沸石对废水中磷的去除率仅为 20％。当改性剂浓度为 0～1％区间时，改性沸石对磷的去除率随 FeCl₃ 浓度的增加而增加。当改性剂 FeCl₃ 溶液浓度为 0.5％时，改性沸石除磷的效果最好，磷的去除率达到最高为 93.93％，除磷率是天然沸石的 4.9 倍。而当 FeCl₃ 浓度的继续增加到 1％时，磷的去除率开始降低，因此后续实验中将会选择 FeCl₃ 浓度为 0.5％时改性的沸石进行研究。

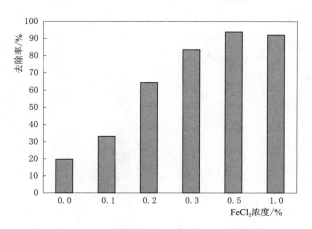

图 3-1　改性剂浓度对除磷率的影响

3.2　天然沸石吸附除磷性能研究

3.2.1　含磷废水初始浓度对天然沸石吸附除磷的影响

向锥形瓶中分别加入 100mL 浓度为 10mg/L、20mg/L、35mg/L 和 50mg/L 的含磷废水，调节 pH＝7，称取 1g 天然沸石放入各锥形瓶中。将以上锥形瓶放于恒温振荡箱中，在温度为 25℃、转速为 180r/min 条件下振荡 8h，在转速 4000r/min 条件下离心 5min。取上清液经过 0.45μm 滤膜过滤，用钼酸铵分光光度法测定废水中剩余的磷含量，并计算出对应的平衡吸附量和去除率。磷的初始浓度对天然沸石的除磷性能影响如图 3-2 所示。

由图 3-2 可知，随着溶液初始含磷浓度的增加，天然沸石的吸附吸附量从 0.25mg/g 提高到 0.95mg/g，天然沸石的平衡吸附量增加了 0.7mg/g，变化幅度很大，因此磷初始浓度对天然沸石的吸附量影响较大。当溶液初始含磷浓度从 10mg/L 提高到 50mg/L 时，天然沸石对磷的去除率从 25％下降到 19％。但当溶液中的初始磷含量过低时，会导致体系中的浓度梯度力太弱，即使天然沸石上还有未利用的吸附位点，由于能量不够磷酸根离子而不能被捕获吸附。而当溶液中初始浓度过大时，将会导致天然沸石表面的吸附位点被占满，吸附效率无法进一步提高。本实验后续选择磷的初始浓度为 50mg/L。

3.2.2　pH 值对天然沸石吸附除磷的影响

取若干份 1g 天然沸石于 250mL 锥形瓶中，加入到 100mL 初始浓度为 50mg/L 的含磷废水中，分别调节锥形瓶中 pH 值为 2、3、4、5、6、7、8、

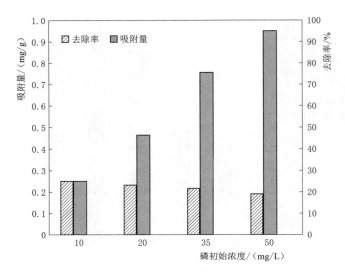

图 3-2 磷的初始浓度对天然沸石的除磷性能影响

9、10 和 11，置于恒温振荡箱中，在温度为 25℃、转速为 180r/min 条件下，反应 12h 后取上清液，在转速 4000r/min 条件下离心 5min。取上清液经过 0.45μm 滤膜过滤，用钼酸铵分光光度法测定废水中剩余磷含量，并计算出对应的吸附量和去除率。pH 值对天然沸石的吸附除磷的过程的影响如图 3-3 所示。

由图 3-3 可知，在酸性条件下即溶液中的初始 pH<7 时，天然沸石的吸附量随着 pH 值的增加而增加，但在强酸性条件下吸附效果并不理想。pH=7

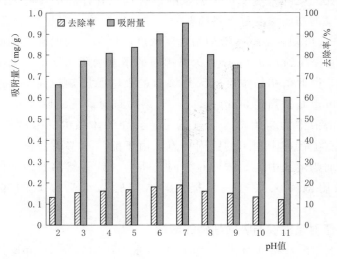

图 3-3 pH 值对天然沸石吸附除磷的效果影响

时，吸附量达到最大为 0.95mg/g，磷的去除率为 19%。因为天然沸石具有耐酸的特性，且杂质较多，弱酸性条件下可以去除部分杂质，从而增加吸附位点。当 pH 值继续增加时，吸附量和除磷效率都有所下降，可能是由于沸石中主要组分为 SiO_2，而 SiO_2 会溶于强碱，与强碱反应生成硅酸盐和水，从而使天然沸石上的吸附位点减少。

3.2.3 粒径对天然沸石吸附除磷的影响

在 250mL 锥形瓶中加入 1g 天然沸石，在锥形瓶中加入 100mL 浓度为 50mg/L 的含磷废水，分别加入粒径为 10 目、20 目、50 目、80 目、100 目和 120 目的沸石。将锥形瓶分别在 25℃ 条件下，置于恒温振荡箱中以转速 180r/min 条件下恒温振荡，充分反应后取上清液，在转速 4000r/min 条件下离心 5min，取上清液经 0.45μm 滤膜过滤，取适量溶液以测定废水中剩余的磷含量，并计算出对应的吸附量和去除率。图 3-4 表示天然沸石的粒径对吸附效果的影响。

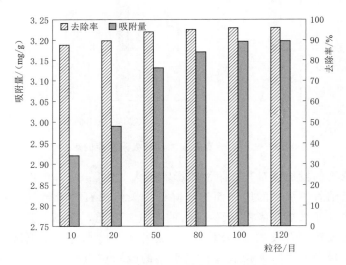

图 3-4 粒径对天然沸石除磷性能的影响

由图 3-4 可见随着粒径的减小，天然沸石的吸附量和去除率都有所提高。粒径为 10 目时，天然沸石的吸附量为 2.92mg/g，磷的去除率为 87.6%。当粒径为 100 目时，天然沸石的吸附量达到 3.19mg/g，磷的去除率为 95.9%。沸石的粒径减小，暴露在溶液中的面积较大，从而增加了天然沸石的比表面积，从而使其表面具有更多的吸附位点，对磷酸盐的去除也更完全。但当粒径减小到一定程度时，颗粒过于细小，在动态吸附的过程中可能会发生返混，甚至使出水孔造成堵塞。后续实验中选用粒径为 50 目的沸石。

3.2.4　投加量对天然沸石吸附除磷的影响

　　分别称取 0.5g、1.0g、1.5g、2.0g 和 2.5g 粒径过 50 目筛的天然沸石，置于 250mL 锥形瓶中，向锥形瓶中倒入 100mL 初始浓度为 50mg/L 的含磷废水，调节锥形瓶中 pH 值为 7，设置恒温振荡箱中在温度为 25℃、转速为 180 r/min 条件下，反应 8h。取上清液，在转速 4000r/min 条件下离心 5min。将上清液经过 0.45μm 滤膜过滤，用钼酸铵分光光度法测定对应的吸附量和去除率随沸石投加量的变化。天然沸石投加量对吸附性能的影响如图 3-5 所示。

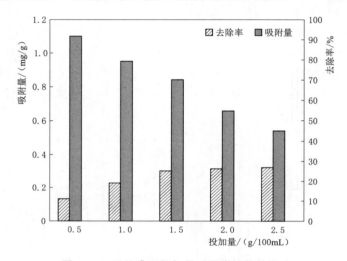

图 3-5　天然沸石投加量对吸附性能的影响

　　天然沸石的投加量对其吸附性能影响很大。由图 3-5 可以看出，天然沸石的吸附量随着投加量的增加而迅速降低，天然沸石的吸附量＝吸附前后溶液中磷的浓度差×溶液体积/天然沸石的质量。因此，静态实验中的含磷总量不变，随着天然沸石投加量的增加，其吸附平衡出水含磷浓度降低。而天然沸石的投加量增加可以为磷酸盐提供更多的吸附位点和更大的表面积，从而提高了天然沸石对磷的去除率。适量的天然沸石投加量，可以使平衡吸附量和磷的去除率达到共赢的效果，且避免吸附剂的过度积压而且溶液中产生微生物，影响实验的进行。本实验中选取最佳的投加量为 1.5g/100mL，此时磷的去除率为 25％，吸附量为 0.842mg/g。

3.3　改性沸石吸附除磷性能研究

3.3.1　pH 值对改性沸石吸附除磷的影响

　　取若干份 1.5g 改性后的沸石置于 250mL 锥形瓶中，加入到 100mL 初始浓度为 50mg/L 的含磷废水中，分别调节锥形瓶中 pH 值为 1、2、3、4、5、6、7、8、9 和 10，置于恒温振荡箱中，在温度为 25℃、转速为 180r/min 条件下，反应 12h 后取上清液，在转速 4000r/min 条件下离心 5min。取上清液经过 $0.45\mu m$ 滤膜过滤，用钼酸铵分光光度法测定对应的吸附容量和去除率。pH 值对改性沸石除磷效果的影响如图 3-6 所示。

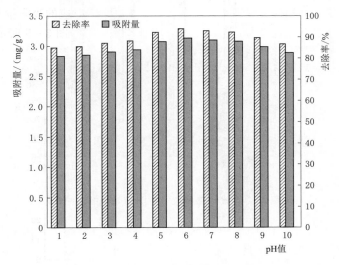

图 3-6　pH 值对改性沸石除磷效果的影响

由图 3-6 可知，在 pH 值的变化过程中，改性沸石的除磷效率及吸附量先增加而后减少，但改性沸石的整体除磷效率变化较大，变化范围是 84.9%～93.93%，吸附量的变化范围是 2.83～3.13mg/g，在中性条件下对磷的去除率最高。初始 pH 值对改性沸石除磷的效果的影响可能是因为不同 pH 值时磷酸根的存在形式不同。由于沸石成分复杂，改性后的沸石铁金属离子量增加。当 pH 值小于 6 时，溶液中的磷主要以 HPO_4^{2-} 和 $H_2PO_4^-$ 的形态存在，可以与沸石中的 Ca^{2+}、Mg^{2+}、Fe^{3+} 离子发生化学沉淀，并且与表面羟基发生配位交换；在碱性条件下，废水中的磷主要以 PO_4^{3-} 和 HPO_4^{2-} 形态存在，不利于表面的配位交换进行，并且碱性溶液中的 OH^- 会减少沸石表面的吸附位点而降低除磷效果。因此后续实验中选用的最佳 pH=6。

3.3.2　改性沸石粒径对吸附除磷的影响

取若干份不同粒径的改性沸石 1.5g 置于 250mL 锥形瓶中，吸附剂的粒径选取 10 目、20 目、50 目、80 目和 100 目，加入到 100mL 初始浓度为 50mg/L 的含磷废水中，调节锥形瓶中 pH 值为 6，置于恒温振荡箱中，在温度为 25℃、转速为 180r/min 条件下，反应 12h 后取上清液，在转速 4000r/

min 条件下离心 5min。取上清液经过 $0.45\mu m$ 滤膜过滤，用钼酸铵分光光度法测定对应的剩余磷浓度，并计算出吸附量和去除率。改性沸石粒径对除磷效果的影响如图 3-7 所示。

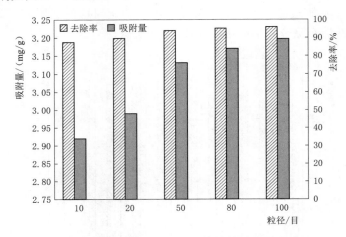

图 3-7　改性沸石粒径对除磷效果的影响

由图 3-7 可知，在 10～80 目时，改性沸石的目数越大除磷效果越好，除磷效率可达到 95.9%，且所有去除率均达到 87% 以上。单位吸附量从 2.92mg/g 提高到 3.19mg/g。主要是因为沸石的粒径越小则比表面积会增大，并且与废水的接触面较分散，与磷酸根离子的接触概率随之增大，因此小粒径的改性沸石的配位交换强度及除磷率都会增加。与之相反，粒径较大的改性沸石容易达到吸附平衡，吸附位点迅速被占满，从而使改性沸石对磷的吸附效果降低。小粒径的改性沸石虽然吸附性能较强，但粒径过小会导致其堆积密度过大，产生较大的水头损失，并且粒径过细很难与含磷废水进行分离而流失。因此，选择改性沸石的粒径需要考虑多方面因素。由图 3-7 可知，在粒径为 50 目时，改性沸石的除磷效率为 93.93%，吸附量为 3.13mg/g。粒径为 80 目时，改性沸石的除磷效率稍有提高为 95.1%，吸附量为 3.17mg/g，与 50 目相比除磷的效果变化不大。因此后续实验中将采用粒径为 50 目的沸石进行吸附。

3.3.3　改性沸石投加量对吸附除磷的影响

称取 1.0g、1.5g、2.0g、2.5g、3.0g 粒径过 50 目筛的改性沸石，置于 250mL 锥形瓶中，加入到 100mL 初始浓度为 50mg/L 的含磷废水中，调节锥形瓶中 pH 值为 7。置于恒温振荡箱中，在温度为 25℃、转速为 180r/min 条件下，反应 12h 后取上清液，在转速 4000r/min 条件下离心 5min。取上清液经过 $0.45\mu m$ 滤膜过滤，用钼酸铵分光光度法测定对应的吸附容量和去除率。

改性沸石投加量对除磷效果的影响如图 3-8 所示。

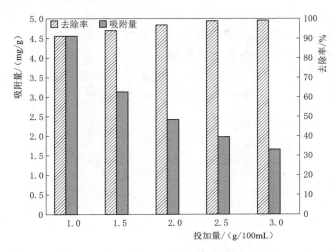

图 3-8 改性沸石投加量对除磷效果的影响

由图 3-8 可知，随着改性沸石投加量的增大，吸附量大幅度下降，当改性沸石投加量从 1.0g/100mL 增加到 3.0g/100mL 时，吸附量从 4.56mg/g 降低到 1.65mg/g，主要是因为投加量越多越可能导致吸附位点被遮挡，导致改性沸石粒子内部之间吸附的竞争。而沸石投加量为 1.0g/100mL 时，除磷效率已经达到 93%。且实验过程中废水中磷的初始含量是一定的，导致沸石投加量的增加虽然会提高磷的去除率，但变化范围很小。因此，在实验过程中，吸附剂的过量投加会导致资源浪费，实验中投加量选择 1.0g/100mL。

3.4 机理分析

3.4.1 改性沸石吸附动力学研究

3.4.1.1 不同温度下的吸附动力学曲线

取 1g 改性沸石于 250mL 锥形瓶中，分别加入到 100mL 含磷量为 50mg/L 的 KH_2PO_4 溶液中。设置温度条件分别为 10℃、25℃、45℃，置于恒温振荡箱中以转速 180r/min 条件下振荡，并于 1h、2h、3h、4h、5h、6h、7h、8h、9h 和 10h 迅速取上清液，于转速 4500r/min 离心机离心 5min 后，上清液经过 0.45μm 滤膜过滤，取适量溶液以测定出水中磷酸盐的含量，并绘制改性沸石吸附量随时间的变化曲线。

不同温度对改性沸石除磷的吸附效果的影响如图 3-9 所示。由图 3-9 可知，温度升高可以加快反应过程的吸附速率，缩短反应时间。在反应温度为

10℃条件下，改性沸石的初始吸附量为 2.52mg/g，而当温度为 45℃时，初始吸附量提高到 3.58mg/g。由吸附量变化曲线可以看出，吸附初期时温度越高，吸附速度越快，随后缓慢达到平衡。温度较高时，其吸附动力学的变化趋势符合"快速吸附，缓慢平衡"的特点；而低温时变化趋势特点为"缓慢吸附，缓慢平衡"，可能是由于吸附前期时改性沸石上吸附位点较多，随着反应的进行，吸附位点逐渐被磷酸根离子占据而减少，从而降低吸附速率。

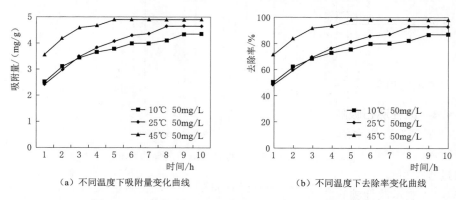

（a）不同温度下吸附量变化曲线　　　（b）不同温度下去除率变化曲线

图 3-9　不同温度对改性沸石除磷的吸附效果的影响

3.4.1.2　不同浓度下的吸附动力学曲线

取 1g 改性沸石于 250mL 锥形瓶中，分别加入到 100mL 含磷量为 20mg/L、35mg/L、50mg/L 的 KH_2PO_4 溶液中，在 25℃条件下，转速 180r/min 条件下恒温振荡，并于 1h、2h、3h、4h、5h、6h、7h、8h、9h 和 10h 迅速取上清液，于转速 4500r/min 条件下离心 5min 后，上清液经过 0.45μm 滤膜过滤，取适量溶液以测定改性沸石的吸附量和磷去除率随时间的变化曲线。

图 3-10 表示不同的磷初始浓度对改性沸石除磷的吸附效果的影响。由图 3-10 可见，吸附初期时 20mg/L 时磷的初始吸附量为 0.936mg/g，磷浓度为 50mg/L 时改性沸石的初始吸附量为 2.43mg/g，说明改性沸石除磷性能受磷的初始浓度影响较大，可能是由于初始磷浓度较高，体系中的磷可以快速的与改性沸石表面进行吸附。随着时间的推移初始浓度越高沸石的平衡吸附量越高。在吸附过程中，当磷初始浓度为 20mg/L 时，改性沸石的平衡吸附量为 1.895mg/g，当初始浓度提高到 50mg/L 时，改性沸石的平衡吸附量可达到 4.65mg/g，相比 20mg/L 时吸附量有很大的提高。在 25℃，除磷浓度为 50mg/L 的条件下，改性后沸石的吸附量增加幅度很大，说明 $FeCl_3$ 改性后有利于沸石的除磷。天然沸石中虽然活性金属离子含量丰富，但经过 $FeCl_3$ 改性后，使得改性沸石的吸附又增加了化学作用，从而提高吸附效果。

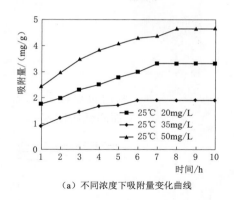

（a）不同浓度下吸附量变化曲线

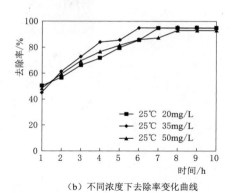

（b）不同浓度下去除率变化曲线

图 3-10 不同的磷初始浓度对改性沸石除磷的吸附效果的影响

3.4.2 改性沸石吸附动力学拟合

在 25℃，废水的初始含磷量为 50mg/L 时，改性沸石的准一级、准二级吸附动力学过程的线性拟合分别如图 3-11、图 3-12 所示，改性沸石吸附磷的过程中可以很好与准二级动力学方程进行拟合，最高相关系数达到 0.9994。表 3-1 表示改性沸石除磷动力学方程的拟合系数，准二级反应动力学的显著性 R^2 要好于准一级反应动力学，改性沸石的吸附动力学符合准二级反应动力学。温度增加，改性沸石的理论平衡吸附量提高，可能是由于界面的混乱度增加；而磷初始浓度的增加，理论吸附量增加，可能是由于废水中可供吸附的 PO_4^{3-} 离子较多。

表 3-1 改性沸石除磷动力学方程的拟合系数

反应条件		准一级反应动力学模型			准二级反应动力学模型		
		q_e/(mg/g)	k_1	R^2	q_e/(mg/g)	k_2	R^2
温度/℃	10	2.27	0.2820	0.9855	4.76	0.187	0.9968
	25	3.66	0.3567	0.9949	5.47	0.093	0.995
	45	2.46	0.6109	0.9706	5.33	0.366	0.9994
磷的初始浓度/(mg/L)	20	1.63	0.2429	0.9687	2.33	0.247	0.9953
	35	2.39	0.3089	0.9626	4.04	0.126	0.9743
	50	3.66	0.3567	0.9949	5.47	0.093	0.995

表 3-1 中，q_e 为反应平衡时的理论吸附量，单位为 mg/g；k_1 为准一级反应动力学速率常数；k_2 为准二级反应动力学速率常数。图 3-11 中 q_t 为时间为 t 时的吸附量，单位为 mg/g。

3.4.3 改性沸石的等温吸附线研究

在 250mL 锥形瓶中加入改性后沸石 1g 和不同浓度的含磷废水 100mL；

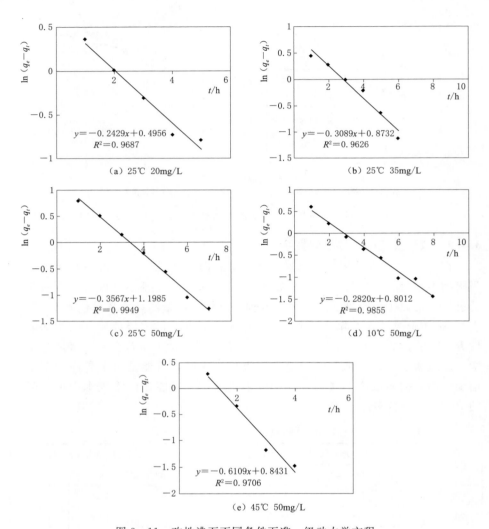

图 3-11 改性沸石不同条件下准一级动力学方程

其中初始磷浓度分别为 10mg/L、20mg/L、35mg/L 和 50mg/L，在 25℃ 条件下，以转速 180r/min 条件下恒温振荡 9h。充分反应后取上清液，在转速 4000r/min 条件下离心 5min。取上清液经过 $0.45\mu m$ 滤膜过滤，取适量溶液用测定沸石的吸附量和去除率，并绘制改性沸石的等温吸附线。

如图 3-13 所示，随着磷的初始浓度的增加，改性沸石的吸附量有很大的提高，最高达到 4.65mg/g。相比天然沸石，经过 $FeCl_3$ 改性后的沸石，在吸附量和对磷酸盐的去除率上都有很大的提高。主要是因为，体系内初始磷含量提高，可供沸石吸附的吸附质越多，沸石内部的吸附位点可以反应更加

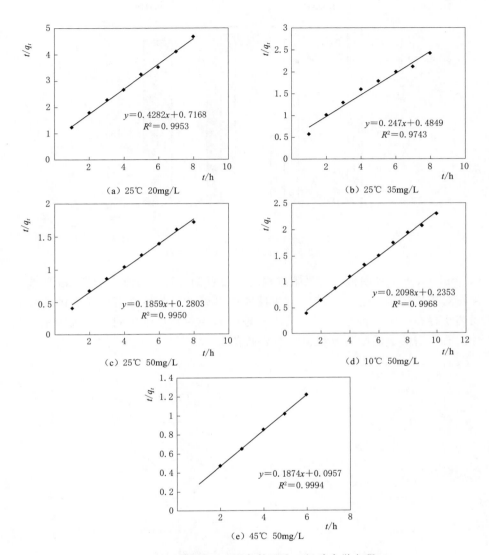

图 3-12　改性沸石不同条件下准二级动力学方程

完全。而经过 $FeCl_3$ 改性后，体系内 Fe^{3+} 数量增加，可与溶液中的磷酸盐反应生成沉淀，增加了沸石对磷的去除率，提高吸附量。

3.4.4　改性沸石的等温吸附方程拟合

改性沸石的等温吸附模型如图 3-14 所示。Freundlich 等温吸附模型代表该吸附过程中主要为非均质层吸附。通过表 3-2 可知，改性沸石的吸附过程与两种吸附模型的相关性系数均在 0.99 以上，说明改性沸石的吸附过程更倾向于多分子层吸附，并且吸附过程中同时存在物理吸附和化学吸附。通过

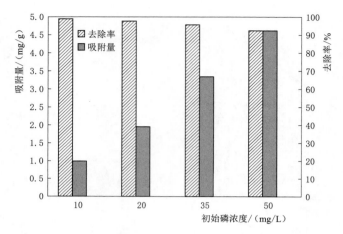

图 3-13 改性沸石的等温吸附

Freundlich 等温吸附模型对吸附过程的拟合可知，$1/n$ 的值小于 2，表明改性沸石对于磷酸盐吸附强度较好，并且磷酸根离子与改性沸石的表面的活性金属离子存在一定的静电作用，其中物理吸附为主，化学吸附为辅助因素。改性沸石除磷的等温吸附方程拟合参数见表 3-2。

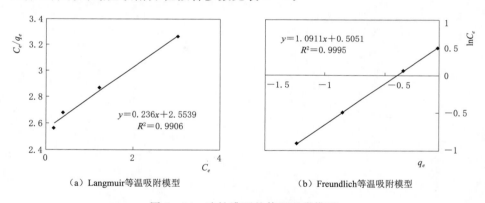

（a）Langmuir等温吸附模型　　　　　（b）Freundlich等温吸附模型

图 3-14 改性沸石的等温吸附模型

表 3-2　　　　　　　　　改性沸石除磷的等温吸附方程拟合参数

Langmuir 模型					Freunlich 模型			
线性回归方程	q_m	k_L	R^2	R_L	线性回归方程	$1/n$	k_F	R^2
$C_e/q_e=0.236C_e+2.5539$	4.23	0.092	0.9906	0.17	$\ln q_e=1.0911\ln C_e+0.5051$	1.09	1.65	0.9995

表 3-2 中，q_m 为理论最大吸附量，单位为 mg/g；C_e 为吸附后磷的平衡浓度，单位为 mg/L；q_e 为平衡吸附量，单位为 mg/g；k_L 为 Langmuir 等温

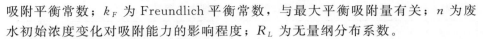

吸附平衡常数；k_F 为 Freundlich 平衡常数，与最大平衡吸附量有关；n 为废水初始浓度变化对吸附能力的影响程度；R_L 为无量纲分布系数。

3.4.5 改性沸石的吸附热力学研究

在 250mL 锥形瓶中加入 1g 改性后沸石，在锥形瓶中加入 100mL 浓度为 50mg/L 的含磷废水，pH 值调至 6，将锥形瓶分别在 10℃、20℃、25℃、35℃和 45℃条件下，置于恒温振荡箱中以转速 180r/min 条件下恒温振荡 9h。充分反应后取上清液，在转速 4000r/min 条件下离心 5min，取上清液经 0.45μm 滤膜过滤，取适量溶液以测定蛋壳的吸附量和去除率。

图 3-15 表示在不同温度下改性沸石的吸附量和磷的去除率的变化。反应温度为 10℃时，改性沸石的吸附量为 4.63mg/g，磷的去除率为 92.5%；当反应温度提高到 45℃时，吸附量提高到 4.77mg/g，磷的去除率提高到 95.4%。因此温度的提高，改性沸石的吸附性能也会随之提高。结果表明：改性沸石的平衡吸附量提高了近 0.14mg/g，但由于改性沸石性能的改变，在低温下也可以对磷发生很好的吸附作用，但低温时反应速率较慢，除磷效率均在 90% 以上，说明溶液中温度变化影响较小。

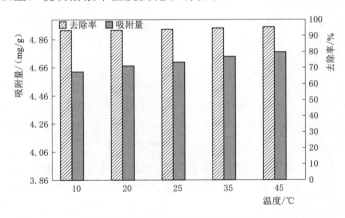

图 3-15　不同温度下改性沸石的吸附量和磷的去除率的变化

对改性沸石进行吸附热力学拟合后，所得的拟合参数见表 3-3。由表 3-3 可知，改性沸石的除磷热力学过程中吉布斯函数 $\Delta G < 0$，并且随着温度的升高而减小，说明该反应过程是自发的，提高温度利于吸附的进行；$\Delta H = 13.19 > 0$，表明该吸附过程为吸热反应；$\Delta S > 0$，表明温度升高，体系混乱度增加，从而使物理吸附作用增强而提高吸附效果。并当焓变值在 $0 \sim -20$kJ/mol 时，反应过程中主要是物理吸附，当焓变值在 $-80 \sim -400$kJ/mol 时，则化学吸附占主要。因此在改性沸石吸附除磷的过程中主要是物理吸附，主要的作用力是氢键、分子间作用力和偶极键力。

表 3 - 3 改性沸石吸附热力学模型拟合参数

T/K	k_d	$\Delta G/(kJ/mol)$	$\Delta H/(kJ/mol)$	$\Delta S/[J/(mol \cdot K)]$	R^2
283.15	0.084	-5.825			
293.15	3.083	-6.274			
298.15	8.450	-6.720	13.19	34	0.9963
308.15	11.108	-7.565			
313.15	11.458	-8.25			

表 3 - 3 中，k_d 为平衡分配系数；ΔG 为吉布斯自由能变，单位为 kJ/mol；ΔH 代表等量吸附焓变，单位为 kJ/mol；ΔS 代表吸附熵变，单位为 J/(mol·K)；T 为绝对温度，单位为 K。

3.5 本章小结

本章主要研究各因素对天然沸石即改性沸石吸附性能的影响，并对改性沸石的吸附特征进行模拟，结果表明：

（1）天然沸石在溶液中初始含磷浓度为 50mg/L 时效果最佳，吸附量达到 0.95mg/g，磷的去除率为 19%，改性后沸石在含磷浓度为 50mg/L 时对磷的去除率为 93.93%。

（2）天然沸石的吸附过程受 pH 值的影响大，当 pH 值为 5～7 时，平衡吸附量最高为 0.95mg/g，吸附作用效果最好，强酸和强碱条件下都不利于吸附反应过程的进行；改性沸石随着 pH 值的增加，吸附量和去除率变化幅度不大，说明改性后沸石对 pH 值的耐受程度有所提高。

（3）在 25℃条件下，初始含磷量为 50mg/L 时，天然沸石的最佳投加量为 1.5g/100mL，改性沸石的最佳投加量为 1g/100mL，侧面说明改性后提高了沸石吸附剂的吸附容量；但在粒径为 10～100 目的范围内，改性前后沸石的粒径对实验影响不大。

（4）改性沸石的吸附过程更加符合准二级动力学方程，线性相关系数 $R^2 >$ 0.9，反应过程中改性沸石的吸附量随时间变化先增加，而后达到平衡；改性沸石同时符合 Langmuir 模型和 Freundlich 模型，该吸附过程为非均质吸附；温度升高有利于改性沸石吸附作用进行，该反应过程为自发吸热反应过程，物理吸附占主导。

4 麦 饭 石

4.1 麦饭石吸附性能现状研究

4.1.1 麦饭石的组成与结构

　　麦饭石是一种历经风化、侵蚀作用的矿物质集合体，并没有一个固定的组成成分，而是受产地的地质条件决定。主要成分是无机硅酸盐，其中包括 SiO_2、Fe_2O_3、FeO、MgO、CaO 和 Al_2O_3 等，因为经历风化、侵蚀作用使得有害物质含量低于元素在地壳中的平均丰度。

　　麦饭石中所含的硅酸盐类物质可以吸附水中污染物质。经麦饭石处理过的水携带电子团，可以吸附水中游离离子，而其本身的多孔结构和离子交换性能可以作为吸附剂达到除磷效果。有研究表明，麦饭石表面孔多为开放型孔洞，内部孔有互联孔，半封闭孔和封闭孔，孔周围有水化膜。麦饭石的孔隙中充满了大量杂质，严重降低了麦饭石比表面积，降低吸附性能。为了强化麦饭石的吸附除磷能力，需要对麦饭石进行不同方式的改性用来扩宽孔隙，提高比表面积。

4.1.2 麦饭石的改性研究

　　麦饭石因为其自身的组成元素与多孔结构而具有吸附能力。但是随着不断在工程实践中应用，麦饭石本身的吸附性能并不能满足需求。为了提高麦饭石的吸附能力，常用的改性方式有高温改性、酸碱改性、无机盐改性等。

4.1.2.1 高温改性

　　高温改性是通过将矿物质在高温下加热一段时间，然后冷却、研磨、过筛。天然矿物材料中的水分子以表面水、结晶水和结构水形式存在。高温改性可以去除这些水分子、碳酸钙和不易挥发的有机杂质，增加比表面积，提供更多的吸附点位，减少孔隙周围水化膜对吸附能力的影响。但是加热温度过高，过长会破坏一些层状硅酸盐矿物中的羟基结构骨架、晶体结构，层间阳离子也被固定在骨架上，失去离子交换能力。并且使孔隙坍塌，减少比表面积，使吸附能力降低。

4.1.2.2 酸碱改性

大部分天然矿物质孔隙中的杂质都可以被无机酸碱溶解。所以通过无机酸碱改性可以疏通孔道、改善孔隙结构，达到增加比表面积的目的，有利于对废水中污染物质的吸附。此外，无机酸中的 H^+ 离子可以置换麦饭石结构中的 Na^+、Ca^{2+}、Mg^{2+}、Al^{3+} 离子，增大孔隙的有效空间，进一步强化吸附能力。但是大量的酸导致过量离子溶出会破坏麦饭石的晶体结构，导致孔隙坍塌。有机酸改性相对无机酸改性温和，不容易破坏麦饭石结构，但是在扩大孔隙有效空间，增大比表面积从而增加吸附点位方面不如无机酸有效。

4.1.2.3 无机盐改性

无机盐改性就是将矿物在一定温度下浸泡于以钠盐、铝盐、铁盐为主的无机盐溶液中。无机盐改性原理是矿物本身就具有离子交换能力。对于麦饭石这类硅酸盐矿物，盐溶液中的金属阳离子可以与麦饭石结构中的 Ca^{2+}、Al^{3+} 离子相互置换，增强麦饭石的离子交换能力，扩大孔隙有效空间，增大比表面积，提高吸附能力。同时对于这类硅酸盐矿物，氧硅四面体上的负电荷可以被盐溶液中的金属离子平衡，降低了矿材料中低电价大半径离子与结构间的结合能力，提升了层间阳离子的交换性能。层间水分子可以将麦饭石剥离成更薄的单层晶体，增加麦饭石的带电性和比表面积，使其具有更强的吸附作用。

4.2 天然麦饭石吸附除磷性能研究

4.2.1 反应时间对天然麦饭石除磷影响

将 3g 麦饭石加入到 100mL、10mg/L 含磷废水中放入恒温振荡培养箱中，设定温度为 25℃、转速为 120r/min 条件下，分别在 1h、2h、3h、6h、12h、24h、48h 和 72h 时取样。将水样用离心机以转速 8000r/min 条件下离心 5min，取上清液经过 0.45μm 滤膜过滤后，用钼酸铵分光光度法测定出废水中磷浓度并计算除磷率。反应时间对天然麦饭石的除磷效果影响如图 4-1 所示。

由图 4-1 可知，随着时间的增长，天然麦饭石除磷效果随之增加。当反应进行到 12h 以后，除磷率基本不变，吸附除磷效果达到饱和，除磷率为 35.6%。同时可以看出未改性天然麦饭石对废水中的磷酸盐有一定吸附能力，但是在实际应用时仍然有所不足。后续实验中，麦饭石吸附时间选择 12h。

4.2.2 投加量对天然麦饭石除磷影响

称取 1.0g、1.5g、2.0g、2.5g、3.0g 和 3.5g 麦饭石,分别加入到 100mL、10mg/L 的含磷废水中,放入恒温振荡培养箱中,在温度为 25℃、转速为 120r/min 条件下振荡,在 12h 时取样。将水样用离心机离心 5min,取上清液经 0.45μm 滤膜过滤后,用分光光度法测定出废水中磷浓度,计算除磷率和吸附量。投加量对天然麦饭石的除磷效果影响如图 4-2 所示。

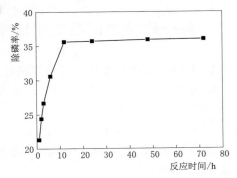

图 4-1 反应时间对天然麦饭石的除磷效果影响

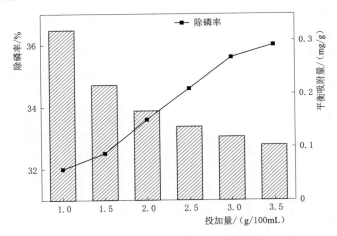

图 4-2 投加量对天然麦饭石的除磷效果影响

投加量是可以直接影响除磷率的因素之一。由图 4-2 可知,天然麦饭石投加量在 1.0~3.5g/100mL 的变化范围内对除磷效果的影响。总体而言,除磷率随麦饭石的投加量增加而上升。当投加量在 1.0~3.0g/100mL 时,除磷率随投加量的增加而快速增加,从 32％上升到了 36％,主要是因为随着麦饭石投加量的增加,为废水中的磷酸盐提供了更多的吸附点位,麦饭石的平衡吸附量从 0.33mg/g 下降至 0.119mg/g。当麦饭石投加量达到 3.0g/100mL 时,继续增加投加量时,去除率仅有少量上升。投加量为 3.5g/100mL 时,去除率为 36％,仅上升了 0.4％。而麦饭石的平衡吸附量从 0.119mg/g 下降至 0.102mg/g。这可能是因为投加量的增加导致吸附点位被遮挡,减少了有效的吸附点位,引起麦饭石之间的竞争。在后续实验中麦饭石的投加量选择 3.0g/100mL。

4.3　单一改性麦饭石吸附除磷性能研究

4.3.1　HCl 溶液改性麦饭石吸附除磷性能研究

将天然麦饭石分别加入到浓度为 0.5mol/L、1.0mol/L、1.5mol/L、2.0mol/L 和 2.5mol/L 的 HCl 溶液中，放入恒温振荡培养箱中，在温度为 25℃、转速为 120r/min 条件下振荡。12h 后取出样品，用蒸馏水清洗至无 HCl 溶液残留后，放入烘箱中烘干。得到 HCl 溶液改性麦饭石，留作后续实验备用。

分别称取 3g 经不同浓度 HCl 溶液改性的麦饭石，分别加入到 100mL、10mg/L 的含磷废水中，放入恒温振荡培养箱中，在温度为 25℃、转速为 120r/min 条件下振荡，在 12h 后取样。将水样用离心机离心 5min，取上清液经滤膜过滤后，用分光光度法测定出废水中磷浓度，计算除磷率和吸附量。HCl 溶液改性对麦饭石除磷效果影响如图 4-3 所示。

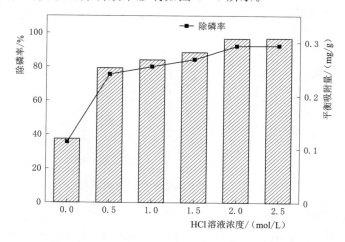

图 4-3　HCl 溶液改性对麦饭石除磷效果影响

由图 4-3 可知，当 HCl 溶液浓度由 0.5mol/L 上升至 2.0mol/L 时，除磷率由 75.6% 上升至 92.4%，平衡吸附量从 0.252mg/g 上升至 0.308mg/g。相比未改性麦饭石的除磷率有很大的提升。当天然麦饭石放入 HCl 溶液中立即有气泡从麦饭石表面出现，这是因为麦饭石自身与孔隙中的碳酸盐被盐酸溶解生成 CO_2；当改性完成时原本无色的 HCl 溶液变成有色溶液，这可能是因为麦饭石结构中的 Fe^{3+} 被盐酸溶解。HCl 溶液溶解了孔隙中的杂质，增加了孔隙的有效空间，增大麦饭石的比表面积，增加吸附点位。当 HCl 溶液由 2.0mol/L 上升到 2.5mol/L 时，除磷率基本不变（92.1%~92.4%），这是因为溶液中 HCl 基本与麦饭石中的杂质反应完全，继续增加 HCl 溶液浓度已经没有作用。后续实验中选用 2.0mol/L 作为备选方案。

4.3.2 FeCl₃ 溶液改性麦饭石吸附除磷性能研究

将天然麦饭石分别加入到浓度为 0.1mol/L、0.3mol/L、0.5mol/L、0.7mol/L 和 1.0mol/L 的 $FeCl_3$ 溶液中，放入恒温振荡培养箱中，在温度为 25℃、转速为 120r/min 条件下振荡。12h 后取出样品，用蒸馏水清洗至无 $FeCl_3$ 溶液残留后，放入烘箱中烘干。得到 $FeCl_3$ 溶液改性麦饭石，留作后续实验备用。

分别称取 3g 经不同浓度 $FeCl_3$ 溶液改性的麦饭石，分别加入到 100mL、10mg/L 的含磷废水中，放入恒温振荡培养箱中，在温度为 25℃、转速为 120r/min 条件下振荡，12h 后取样。将水样用离心机离心 5min，取上清液经滤膜过滤后，用分光光度法测定出废水中磷浓度，计算除磷率和吸附量。$FeCl_3$ 溶液改性对麦饭石除磷效果影响如图 4-4 所示。

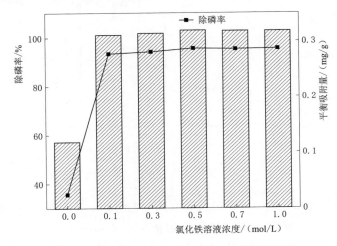

图 4-4　$FeCl_3$ 溶液改性对麦饭石除磷效果影响

由图 4-4 可知，当 $FeCl_3$ 溶液浓度从 0.1mol/L 上升到 0.5mol/L 时，除磷率由 93.4% 上升到 95.6%，平衡吸附量从 0.311mg/g 上升到 0.19mg/g；当 $FeCl_3$ 溶液浓度从 0.5mol/L 上升到 1.0mol/L 时，除磷率稳定，有极小范围的波动（95.3%～95.6%）。在使用浓度为 0.5mol/L 的 $FeCl_3$ 溶液改性时，除磷率达到 95.6%，平衡吸附量为 0.318g/mg，后续实验中选择 0.5mol/L 的 $FeCl_3$ 溶液作为备选方案。

4.3.3 AlCl₃ 溶液改性麦饭石吸附除磷性能研究

将天然麦饭石分别加入到浓度为 0.5mol/L、0.7mol/L、1.0mol/L、

1.3mol/L 和 1.5mol/L 的 AlCl$_3$ 溶液中，放入恒温振荡培养箱中，在温度为 25℃、转速为 120r/min 条件下振荡。12h 后取出样品，用蒸馏水清洗至无 AlCl$_3$ 溶液残留后，放入烘箱中烘干。得到 AlCl$_3$ 溶液改性麦饭石，留作后续实验备用。

分别称取 3g 经不同浓度 AlCl$_3$ 溶液改性的麦饭石，分别加入到 100mL、10mg/L 的含磷废水中，放入恒温振荡培养箱中，在温度为 25℃、转速为 120r/min 条件下振荡，12h 后取样。将水样用离心机离心 5min，取上清液经滤膜过滤后，用分光光度法测定出废水中磷浓度，计算除磷率和吸附量。AlCl$_3$ 溶液改性对麦饭石除磷效果影响如图 4-5 所示。

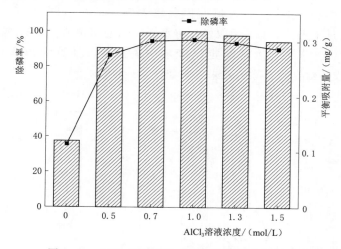

图 4-5 AlCl$_3$ 溶液改性对麦饭石除磷效果影响

由图 4-5 可知，当 AlCl$_3$ 溶液浓度从 0.5mol/L 上升到 1.0mol/L 时，除磷率由 86.4% 上升到 95.3%，平衡吸附量从 0.288mg/g 上升到 0.317mg/g；当 AlCl$_3$ 溶液浓度从 1.0mol/L 上升到 1.5mol/L 时，除磷率开始略微下降至 90%。在使用浓度为 1.0mol/L 的 AlCl$_3$ 溶液改性时，除磷率达到 95.3%，平衡吸附量为 0.317g/mg，后续实验中选择 1.0mol/L 的 AlCl$_3$ 溶液作为备选方案。

4.3.4 PAC 溶液改性对麦饭石吸附除磷性能研究

将天然麦饭石分别加入到 5%、7%、10%、12% 和 15% 的 PAC 溶液中，放入恒温振荡培养箱中，在温度为 25℃、转速为 120r/min 条件下振荡。12h 后取出样品，用蒸馏水清洗至无 PAC 溶液残留后，放入烘箱中烘干。得到 PAC 溶液改性麦饭石，留作后续实验备用。

分别称取 3g 经不同浓度 PAC 溶液改性的麦饭石，分别加入到 100mL、

10mg/L 的含磷废水中，放入恒温振荡培养箱中，在温度为 25℃、转速为 120r/min 条件下振荡，12h 后取样。将水样用离心机离心 5min，取上清液经滤膜过滤后，用分光光度法测定出废水中磷浓度，计算除磷率和吸附量。PAC 溶液改性对麦饭石吸附除磷效果影响如图 4-6 所示。

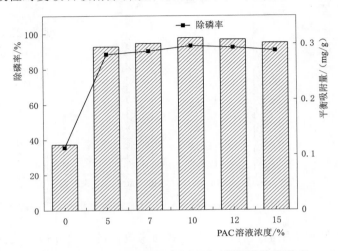

图 4-6 PAC 溶液改性对麦饭石吸附除磷效果影响

由图 4-6 可知，当 PAC 溶液浓度从 5％上升到 10％时，除磷率由 88.4％上升到 93.2％，平衡吸附量从 0.294mg/g 上升到 0.311mg/g；当 PAC 溶液浓度从 10％上升到 15％时，除磷率下降至 90.6％。在使用 10％PAC 溶液改性时，除磷率达到 93.2％，平衡吸附量为 0.311mg/g，后续实验中选择浓度 10％的 PAC 溶液作为备选方案。

4.4 组合改性麦饭石吸附除磷性能研究

4.4.1 不同组合改性麦饭石除磷性能研究

将经过浓度为 2.5mol/L 的 HCl 溶液改性的麦饭石用蒸馏水清洗干净，烘干后分别加入到浓度为 0.5mol/L 的 $FeCl_3$ 溶液、1.0mol/L 的 $AlCl_3$ 溶液、10％的 PAC 溶液中，放入恒温振荡培养箱中，在温度为 25℃、转速为 120r/min 条件下振荡。12h 后取出样品，用蒸馏水清洗至无改性溶液残留后，放入烘箱中烘干。得到组合改性麦饭石，留作后续实验备用。

分别称取 3g 经不同组合改性的麦饭石，分别加入到 100mL、10mg/L 的含磷废水中，放入恒温振荡培养箱中，在温度为 25℃、转速为 120r/min 条件下振荡，在 1h、2h、3h、6h、12h、24h 时取样。将水样用离心机离心 5min，取上清液滤膜过滤后，用分光光度法测定出废水中磷浓度，以未改性的天然麦饭石作为对比。计算除磷率和吸附量。组合改性对麦饭石除磷效果影响如图4-7所示。

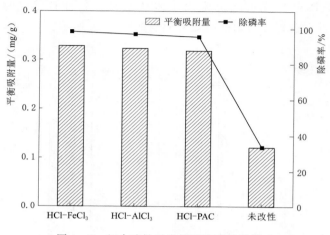

图4-7 组合改性对麦饭石除磷效果影响

图4-7显示了不同组合的改性方式与未改性的天然麦饭石之间的除磷率变化。结果显示经HCl和$FeCl_3$溶液组合改性效果最好，除磷率达到98.2%，平衡吸附量为0.327mg/g；经HCl和$AlCl_3$溶液组合改性除磷率达到96.8%，平衡吸附量为0.323mg/g；经HCl和PAC溶液组合改性除磷率达到95.4%，平衡吸附量0.318mg/g。经组合改性的麦饭石除磷率均相对于单一改性提高，推测因为HCl清除麦饭石孔隙中杂质，增加麦饭石与改性剂的接触面积，使反应进行更加完全。因此选择经浓度为2.0mol/L的HCl溶液与0.5mol/L的$FeCl_3$溶液组合改性为最佳改性方案。

4.4.2 pH值对组合改性麦饭石除磷影响

称取3g组合改性麦饭石加入100mL、10mg/L含磷废水中，分别调节pH值为2、3、4、5、6、7、8、9和10，放入恒温振荡培养箱中，在温度为25℃、转速为120r/min条件下振荡，12h后取样。将水样用离心机离心5min，取上清液经滤膜过滤后，用分光光度法测定出废水中磷浓度，计算除磷率和吸附量。pH值对改性麦饭石除磷效果影响如图4-8所示。

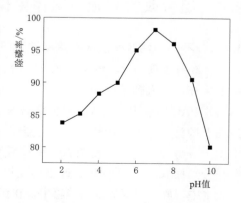

图4-8 pH值对改性麦饭石除磷效果影响

由图 4-8 可知，在 pH 值的变化下，组合改性麦饭石的除磷率先上升再下降，当 pH=7 时，除磷率最高，是 98.2%。废水的 pH 值对除磷率有一定影响，这是因为过高或过低的 pH 值都会对钙磷化合物的沉淀造成影响。在酸性环境中，溶液中的磷主要以 HPO_4^{2-} 和 $H_2PO_4^-$ 的形态存在，而麦饭石层间羟基基团可以与 $H_2PO_4^-$ 发生配位交换。当 pH 值大于 7 时，随 pH 值增加，除磷率下降较快，这是因为麦饭石与阴离子的结合能力与阴离子的化合价、离子半径相关，化合价越高、离子半径越小越容易被麦饭石吸附。在碱性环境中，废水中的磷主要以 PO_4^{3-} 和 HPO_4^{2-} 形态存在，OH^- 显著增加，废水中的 OH^- 更容易与麦饭石结合导致改性麦饭石对磷的去除率降低。改性麦饭石处理废水最佳 pH 值是 7。

4.5 机理分析

4.5.1 吸附动力学模型及分析

称取 3g 组合改性麦饭石加入 100mL、10mg/L 含磷废水中，放入恒温振荡培养箱中，在 15℃、25℃ 和 35℃ 的温度下以 120r/min 的转速振荡，在 2h、4h、6h、8h、10h、12h、24h 时取样。将水样用离心机离心 5min，取上清液经滤膜过滤后，用分光光度法测定出废水中磷浓度，计算除磷率和吸附量，进行准一级动力学方程 $[\ln q_e - k_1 t = \ln(q_e - q_t)]$ 和准二级动力学方程 $\left(\dfrac{t}{q_t} = \dfrac{1}{k_2 q_e^2} + \dfrac{t}{q_e}\right)$ 的拟合，绘制不同温度下吸附动力学拟合曲线。

由图 4-9 的拟合曲线与表 4-1 的动力学参数可以看出，准一级动力学模型与准二级动力学模型的 R^2 均大于 0.9，说明改性麦饭石对磷的吸附过程并非单一的物理或化学吸附，准二级动力学模型的 R^2（0.979~0.988）均大于准一级动力学模型的 R^2（0.927~0.937），说明准二级动力学模型可以更好地描述改性麦饭石的吸附除磷过程。可以看出随时间的推移，吸附过程被分为两个阶段，首先是快速吸附阶段，这时期吸附速率较快，除磷率迅速上升；在快速吸附阶段之后，除磷速率开始逐渐降低，缓慢改变直至达到吸附平衡

表 4-1　　　　　　　　　　吸附动力学参数

温度 /℃	准一级动力学参数			准二级动力学参数		
	q_e/(mg/g)	k_1	R^2	q_e/(mg/g)	k_2	R^2
15	0.309	0.571	0.929	0.338	2.800	0.988
25	0.320	0.603	0.937	0.349	2.986	0.986
35	0.324	0.634	0.927	0.351	3.221	0.979

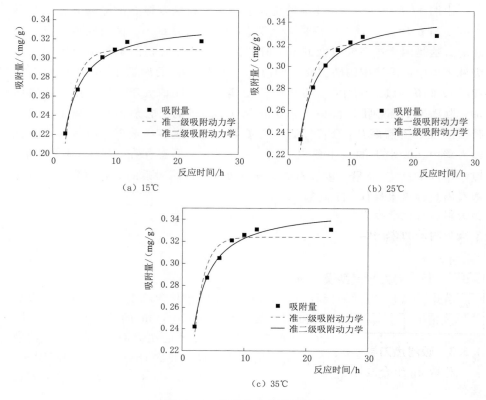

图 4-9　吸附动力学模型拟合

状态，这一阶段大多发生在吸附后期。同时也证明麦饭石的吸附是快速吸附与慢速吸附的共同作用，与模型模拟相符。

4.5.2 吸附等温线模型及分析

　　称取 3g 组合改性麦饭石，分别加入 100mL 初始浓度为 1mg/L、2mg/L、3mg/L、4mg/L、5mg/L、7mg/L、9mg/L、10mg/L 含磷废水中，放入恒温振荡培养箱中，在温度为 25℃、转速为 120r/min 条件下振荡，12h 后取样。将水样用离心机离心 5min，取上清液经滤膜过滤后，用分光光度法测定出废水中磷浓度，计算除磷率和吸附量。进行 Langmuir 模型和 Freundlich 模型的拟合。绘制吸附等温线拟合曲线。

　　由图 4-10 等温吸附曲线与表 4-2 的模拟结果可以看出，两个等温吸附模型的 R^2 全部大于 0.9，说明这两种模型都可以在一定程度上描述改性麦饭石的吸附过程，即改性麦饭石的吸附过程并不是单纯的单分子层吸附或多分子层吸附。由 Langmuir 等温吸附模型的拟合结果可知改性麦饭石的最大吸附量是 0.392mg/g，与实验值相差不多。k_L 为吸附结合能，k_L 越大则说明填料的吸附能力越强；Freundlich 等温吸附模型中 $1/n$ 可以反映出改性麦饭石对溶液中磷的吸附难易程度，当 $1/n$ 为 $0.1 \sim 0.5$ 时表示容易吸附，当 $1/n > 2$ 时表示难以吸附，本实验中 $1/n$ 为 0.394，说明改性麦饭石容易吸附溶液中的磷酸盐，是有利吸附。因为 Langmuir 的 R^2（0.985）大于 Freundlich 的 R^2（0.959），说明改性麦饭石的吸附过程更倾向于单层均相吸附，有化学吸附的参与，这与准二级吸附动力学的结论相互证实。

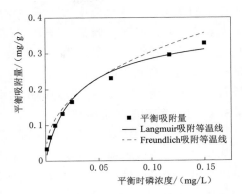

图 4-10 吸附等温线模型拟合

表 4-2　　　　　　　　　吸附等温线参数

Langmuir 模型			Freundlich 模型		
q_m/(mg/g)	k_L	R^2	k_F	$1/n$	R^2
0.392	20.668	0.985	0.756	0.394	0.959

4.5.3　吸附热力学分析

称取 3g 组合改性麦饭石加入 100mL、10mg/L 含磷废水中，放入恒温振荡培养箱中，在 15℃、25℃ 和 35℃ 的温度下以 120r/min 的转速振荡，12h 后取样。将水样用离心机离心 5min，取上清液经滤膜过滤后，用分光光度法测定出废水中磷浓度，计算除磷率和吸附量。用吸附热力学公式（$\ln k = -\Delta H / RT + \Delta S / R$）计算，结果见表 4-3。

表 4-3　　　　　　　　　吸附热力学参数

温度/K	k	ΔG /(kJ/mol)	ΔH /(kJ/mol)	ΔS /[J/(mol·K)]
288.15	19.408	-7.105		
298.15	51.632	-9.776	73.423	279.309
308.15	141.857	-12.691		

表 4-3 显示初始磷浓度为 10mg/L 时，不同温度下的热力学参数。由表 4-3 中数据可以看出不同温度条件下的吉布斯自由能（ΔG）（$-7.105 \sim -12.691$kJ/mol）均小于 0，说明改性麦饭石对磷的吸附可以自发进行。ΔG 随温度的上升而降低，说明升温更有利于对磷的吸附，这与实验结果及准二级动力学方程的结论相符。焓变（ΔH）（73.423kJ/mol）的意义是反应过程

中热量的变化，在该反应中大于零，说明对磷的吸附是吸热反应，同样说明升温利于对磷的吸附。熵变（$\triangle S$）[279.309J/(mol·K)] 表示体系中的混乱程度，大于 0 说明在吸附过程中混乱程度增加，吸附剂与含磷废水之间反应随机性较强，有利于吸附的进行。综上所述，由热力学函数可以说明改性麦饭石对磷的吸附是自发的、吸热的熵增反应。

4.5.4　麦饭石表面特征分析

图 4-11 是天然麦饭石与不同条件改性下的麦饭石在 SEM 下显示的表面特征。可以看出改性前后的麦饭石表面特征有很大的改变。从图 4-11（a）可以看出，未经改性的天然麦饭石表面较平坦，孔隙很少，且分布不均匀没有规律。图 4-11（b）是使用 0.5mol/L 的 $FeCl_3$ 溶液进行改性，可以看出经过改性的麦饭石形成有序的孔隙，孔隙周围出现鱼鳞状结构，这可能是 Fe^{3+} 对麦饭石的晶体结构进行了一定改变，同时提高了麦饭石的比表面积。图 4-11（c）是使用 2.0mol/L 的 HCl 溶液进行改性，可以看出麦饭石孔隙

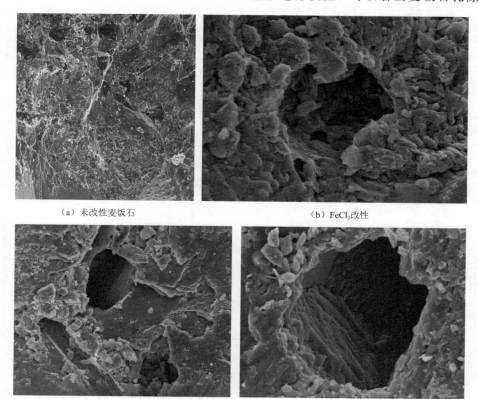

（a）未改性麦饭石　　　　　　　　　（b）$FeCl_3$改性

（c）HCl改性麦饭石　　　　　　　　　（d）组合改性麦饭石

图 4-11　天然及不同改性条件下麦饭石 SEM

明显扩大，孔隙周围层呈现凹凸不平的网状结构。结合静态实验分析，HCl可以溶解麦饭石孔隙中的杂质，拓展孔隙的面积。图 4-11（d）是经过组合改性的麦饭石，可以看出组合改性麦饭石的孔隙廊道清晰有秩序，几乎不含杂质。孔隙表面有均匀的凹凸起伏。孔隙周围有层网状结构，比表面积明显增加。这可能是麦饭石结构与孔隙中大量的以碳酸钙为主钙质杂质与碳酸盐杂质被盐酸溶解，拓宽孔隙后可以更好地与 $FeCl_3$ 接触，改性更为全面，Fe^{3+} 将麦饭石晶体结构改变的更有序。

综上所述，无论何种改性方式都会改变麦饭石的结构，拓宽孔道。与天然麦饭石相比，改性麦饭石的表面粗糙，比表面积更大。可以看出组合改性麦饭石效果最佳，与含磷废水接触的面积最大，增加的活性吸附点位最多，对磷有最高的吸附容量，这与实验结果相同。

4.6　本章小结

本章主要研究经过不同方式改性麦饭石以及不同影响因素对改性麦饭石吸附效果的影响，并进行吸附动力学模型和吸附等温线模型的模拟，可以得出下列结论：

（1）天然麦饭石对磷的吸附能力较差，对磷的去除率与投加量成正比，但是当投加量到达 3.0g/100mL 以后，继续投加对除磷率的提升不明显。除磷率为 35.6%，平衡吸附量为 0.119mg/g。

（2）改性麦饭石反应时间 12h，投加量 3.0g/100mL 时可以达到最佳去除效果。

（3）麦饭石经浓度为 2.0mol/L 的 HCl 溶液改性后对磷的去除率为92.4%，平衡吸附量为 0.308mg/g；经 0.5mol/L 的 $FeCl_3$ 溶液改性后对磷的去除率为 95.6%，平衡吸附量为 0.318mg/g；经 1.0mol/L 的 $AlCl_3$ 溶液改性后对磷的去除率为 95.3%，平衡吸附量为 0.317mg/g；经 10% 的 PAC 溶液改性后对磷的去除率为 93.2%，平衡吸附量为 0.311mg/g；经 2.0mol/L的 HCl 溶液与 0.5mol/L 的 $FeCl_3$ 溶液组合改性的麦饭石除磷效果最好，为98.2%，平衡吸附量为 0.327mg/g。

（4）pH 值对改性麦饭石除磷效果影响很大，考虑去除率与农村生活污水的实际状况，改性麦饭石除磷最佳 pH=7，去除率为 98.2%，平衡吸附量为0.327mg/g。

（5）改性麦饭石符合准二级动力学模型，$R^2=0.986$，说明改性麦饭石对磷的吸附是物理吸附与化学吸附的复合作用；改性麦饭石符合 Langmuir 等温吸附方程，$R^2=0.985$，说明改性麦饭石倾向于单层均相吸附。

（6）对组合改性麦饭石进行热力学分析，说明改性麦饭石对磷的吸附是自发的、吸热的熵增反应，提高温度有利于吸附反应的进行。

（7）SEM 表征结果显示通过盐酸、铁盐的改性可以有效地改变麦饭石的结构，增大麦饭石的比表面积，组合改性的除磷效果优于单一改性。

5 石灰石

5.1 石灰石吸附剂的制备

5.1.1 天然石灰石吸附剂的制备

将 3mm、6mm、9mm、12mm、15mm 粒径的天然石灰石经过去离子水冲洗并煮沸 30min 去除填料孔隙中的杂质，于干燥箱中 105℃ 条件下烘干 2h，留作后续实验备用。

5.1.2 改性石灰石吸附剂的制备

称取 1g 备用石灰石，将其放入 150mL 的锥形瓶中，加入 100mL 的含磷废水，并加入 3 滴三氯甲烷以抑制微生物的活性。在温度为 25℃、转速为 120r/min 条件下振荡 2d。将水样先用蒸馏水简单冲洗并用离心机以 8000r/min 的转速离心 5min，通过 $0.45\mu m$ 滤膜过滤，取上清液用于测定总磷浓度。设置 3 个平行。将酸改性、碱改性、盐改性以及组合改性后的石灰石填料重复上述步骤，振荡、取样、离心、过滤，以 0 浓度改性药剂作为空白试验。

5.2 天然石灰石吸附除磷性能研究

5.2.1 反应时间对天然石灰石吸附除磷的影响

将 1g 粒径大约为 6mm 的天然石灰石加入 100mL 含磷废水在恒温振荡箱里振荡 2h、4h、6h、8h、10h、12h、24h、36h、48h 取样，将水样先用蒸馏水简单冲洗并用离心机以 8000r/min 的速度离心 5min，通过 $0.45\mu m$ 滤膜过滤，取 2mL 上清液测定天然石灰石的吸附量，并绘制天然石灰石关于时间的除磷性能曲线，图 5-1 反映了天然石灰石在反应时间为 2~48h 的变化范围内对吸附除磷的效果影响。从图 5-1 中可以看出，随着时间的增加天然石灰石的除磷率也在逐渐上升，在反应时间 12h 之后除磷率基本不变，吸附除磷效果达到饱和，因此后续石灰石除磷反应时间选择 12h，去磷率达到最高约为 68%。

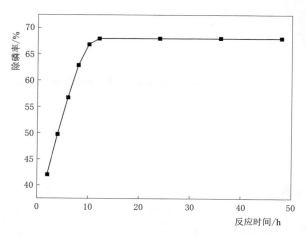

图 5-1　反应时间对天然石灰石吸附除磷的效果影响

5.2.2　粒径对天然石灰石吸附除磷的影响

吸附剂的粒径大小会对吸附除磷的效果产生影响。分别将 1g 的 3mm、6mm、9mm、12mm 和 15mm 粒径的天然石灰石加入 100mL 含磷废水中在恒温振荡箱里振荡 12h，取样，水样在 8000r/min 的转速下离心 5min，经过 0.45μm 滤膜过滤，取 2mL 上清液测定 TP 浓度，图 5-2 反映了天然石灰石在粒径为 3～15mm 的变化范围内对吸附除磷的效果影响。可以看出，随着粒径的逐渐增大，天然石灰石的除磷效果有小幅度的降低，相较之下 3～6mm 天然石灰石除磷效果基本持平，去磷率达到最高约为 68%。可能是因为粒径越小，与含磷废水接触的表面积越大，吸附点越多，除磷效果也就相对更好。但考虑到用湿地填料，粒径不宜过小，所以后续实验粒径筛选 3～6mm。

5.2.3　投加量对天然石灰石吸附除磷的影响

分别称取 0.5g、1.0g、1.5g、2.0g、2.5g 和 3.0g 粒径为 3～6mm 的天然石灰石，置于 150mL 锥形瓶中，加入到 100mL 初始浓度为 10mg/L 的含磷废水中，调节锥形瓶中 pH 值为 7.5，置于恒温振荡箱中，设置温度为 25℃、转速为 120r/min 条件下，反应 12h 后在转速 8000r/min 条件下离心 5min。取上清液经过 0.45μm 滤膜过滤，用钼酸铵分光光度法测定对应的吸附量和去除率。天然石灰石投加量对除磷效果的影响如图 5-3 所示。

吸附剂的投加量也是影响吸附效果的一项重要因素。图 5-3 反映了天然

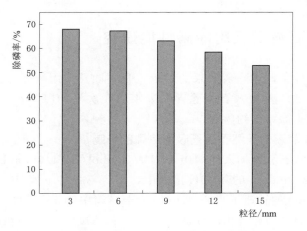

图 5-2　粒径对天然石灰石吸附性能的影响

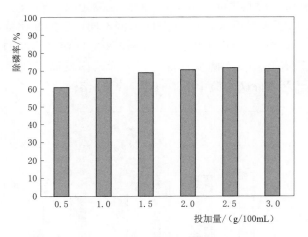

图 5-3　天然石灰石投加量对除磷效果的影响

石灰石在投加量为 0.5～2.5g/100mL 的变化范围内对吸附除磷的效果影响。随着天然石灰石投加量的增加，其对磷的去除率从 64.75% 提高到 71.64%，从 1.5g/100mL 之后除磷率趋于稳定。主要是因为天然石灰石量的增加为废水中的磷酸盐提供了更多的吸附位点，从而提高除磷效率，但由于体系中的磷酸盐浓度有限，除磷效率无法继续提高。而石灰石的平衡吸附量从 0.716mg/g 下降到 0.514mg/g，发生了大幅度的降低。增加石灰石的投加量，相当于提高体系中的固液比，液体浓度一定，没有更多的磷可以进行吸附时，吸附量便开始下降。若继续增加固液比，可能会导致石灰石向溶液中解析磷，造成二次污染。因此在实验中石灰石的投加量选择 1.0g/100mL，以免造成浪费。

5.3 改性石灰石吸附除磷性能研究

不同的改性条件对除磷效果的影响也是不同。使用紫外分光光度计测得 3～6mm 粒径的天然石灰石去除含磷废水的 3 次平均吸附量为 1.361mg/g，对废水中磷的去除率仅约为 68%。

5.3.1 NaOH 溶液对天然石灰石吸附除磷的影响

将天然石灰石分别加入到 0.0mol/L、0.5mol/L、1.0mol/L、1.5mol/L、2.0mol/L 和 2.5mol/L 的 NaOH 溶液中，在 25℃条件下恒温振荡 12h，取出水样在 120r/min 的转速下离心 5min，于干燥箱中 105℃条件下烘干 40min，得到改性石灰石，留作备用。分别取 1.0g 不同浓度 NaOH 溶液改性后石灰石分别放入多个含有 100mL、10mg/L 含磷废水的锥形瓶中，在 25℃条件下反应 12h，经 0.45μm 滤膜过滤，取 2mL 上清液测定其含磷浓度，设置空白试验。图 5-4 反映了天然石灰石在 NaOH 溶液不同浓度的变化范围内对吸附除磷的效果影响。从图 5-4 中可以看出，随着 NaOH 溶液不同的浓度变化，磷的去除率不但没有升高反而降低，浓度越大除磷率反而降低得越多，因此在做石灰石对生活污水除磷实验中不适宜用 NaOH 溶液改性。

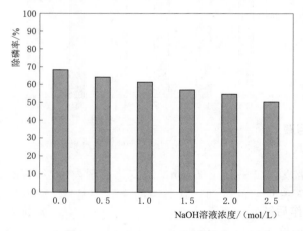

图 5-4 NaOH 改性对天然石灰石除磷率的影响

5.3.2 HCl 溶液对天然石灰石吸附除磷的影响

将天然石灰石分别加入到 1.0mol/L、1.5mol/L、2.0mol/L、2.5mol/L 和 3.0mol/L 的 HCl 溶液中，在 25℃条件下恒温振荡 12h，水样在 8000r/min 的转速下离心 5min，于干燥箱中 105℃条件下烘干 40min，得到改性石灰石，留作后续实验备用。分别取 1.0g 不同浓度的 HCl 溶液改性后的石灰石分别多个放入含有 100mL、10mg/L 含磷废水的锥形瓶中，在 25℃条件下反应 12h，经 $0.45\mu m$ 滤膜过滤，取 2mL 上清液测定其含磷浓度，设置空白试验。图 5-5 反映了天然石灰石在 HCl 溶液不同浓度的变化范围内对吸附除磷的效果影响。从图 5-5 中可以看出，整体的除磷效果都比未改性前的石灰石除磷效果明显提高，HCl 溶液浓度从 1.0mol/L 到 2.5mol/L 之间除磷率从 75.59％上升到了 82.71％，而当 HCl 溶液浓度超过 2.5mol/L 时，除磷率开始下降，在 2.5mol/L 改性溶液的作用下，磷的吸附量达到 0.8271，磷的去除率达到最高约为 82.71％，比未改性之前的石灰石除磷率上升了 21.54％，除磷效果也是比较明显，所以后续实验中采用 2.5mol/L 盐酸溶液改性作为备选方案。

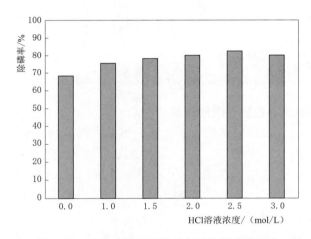

图 5-5　HCl 改性对天然石灰石除磷率的影响

5.3.3　PAC 溶液对天然石灰石吸附除磷的影响

将天然石灰石分别加入到 0.1mol/L、0.2mol/L、0.3mol/L、0.4mol/L、0.5mol/L 和 0.6mol/L 的 PAC 溶液中，在 25℃条件下恒温振荡 12h，水样在 8000r/min 的转速下离心 5min，于干燥箱中 105℃条件下烘干 40min，得到改性石灰石，留作后续实验备用。分别取 1.0g 不同浓度的 PAC 溶液改性后的石灰石分别多个放入含有 100mL、10mg/L 含磷废水的锥形瓶中，在 25℃条件下反应 12h，经 $0.45\mu m$ 滤膜过滤，取 2mL 上清液测定其含磷浓度，设置空白试验。图 5-6 反映了天然石灰石在 PAC 溶液不同浓度的变化范围内对吸附除磷的效果影响。从图 5-6 中可以看出，PAC 的浓度从 0.1mol/L 到 0.6mol/L 的变化过程中，除磷率先增加后降低，整体的除磷效果比未改性前的石灰石要高出很多，在 0.5mol/L 的 PAC 改性溶液的作用下，磷的吸附量达到 0.918，磷的去除率达到最高约为 91.77％，比未改性之前的石灰石除磷率上升了 34.98%，可以得出 PAC 对石灰石除磷的影响效果很明显。所以后续实验中采用 0.5mol/L PAC 溶液改性作为备选方案。

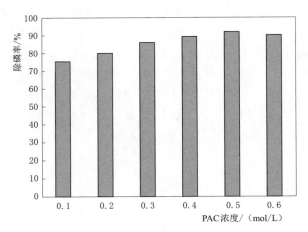

图 5-6　PAC 改性对天然石灰石除磷率的影响

5.3.4　pH 值对改性石灰石吸附除磷的影响

取 8 份 100mL 含磷废水放入 8 个锥形瓶中，调节初始磷溶液的 pH 值分别调到 3、4、5、6、7、8、9、10，分别加入 1.0g 聚合氯化铝改性后的石灰石，置于恒温振荡箱中，在温度为 25℃、转速为 120r/min 条件下，反应 12h，取出在 8000r/min 的转速下离心 5min，取上清液经过 0.45μm 滤膜过滤。用钼酸铵分光光度法测定对应的吸附容量和去除率。如图 5-7 可以看出，pH 值从 3 到 10 的变化中，石灰石的除磷率先增加后减少，在 pH 值为 7~8 时除磷率相对来说都比较高，分析原因，可能是因为酸性废水有

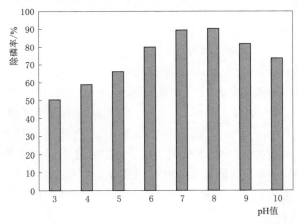

图 5-7　pH 值对天然石灰石除磷率的影响

利于 Ca^{2+} 和 Fe^{3+} 的释放，它们与 PO_4^{3-} 形成沉淀，从而达到除磷效果。而在碱性条件下石灰石总磷去除率下降不明显可能原因是，pH 值较高会使溶液的碳酸钙饱和度增大，使得磷通过与 $CaCO_3$ 共沉淀作用去除磷酸盐的量增加，此外，碱性条件有利于磷酸盐与反应生成羟基磷酸钙。化学方程式见式（5-1）。

$$5Ca^{2+} + 7OH^- + 3H_2PO_4 \longrightarrow Ca_5OH(PO_4)_3 \downarrow + 6H_2O \qquad (5-1)$$

且随着值的增大反应趋于完全，OH^- 过多导致了石灰石表面的附着点减少，从而使除磷率下降。考虑到农村分散性生活污水的特性及排放标准，将 pH=7.5 作为实验采取的标准值。

5.3.5 组合改性对天然石灰石吸附除磷的影响

将天然石灰石进行酸改和盐改组合改性，将 2.5mol/L 盐酸改性后的石灰石干燥后加入 0.5mol/L 的 PAC 溶液，放入恒温振荡箱反应 12h，取出经过去离子水冲洗，再放于干燥箱中 105℃ 条件下烘干 40min，称取 1g 烘干后的石灰石，置于 150mL 锥形瓶中，加入含磷废水 100mL，调节 pH 值为 7.5，加塞后在 25℃ 恒温振荡器中，转速以 120r/min 条件下振荡 12h 取样，水样在 8000r/min 的转速下离心 5min，经过 0.45μm 滤膜过滤，取上清液测定总磷浓度。由图 5-8 可知，组合改性后的石灰石的吸附量高达 0.954mg/g，去磷率高达到 95.38%，整体比未改性石灰石去磷率提高了 46.04%，远远得高于单一的酸改性和盐改性。因此，选择将先后经过浓度为 2.5mol/L 的 HCl 溶液和 0.5mol/L 的 PAC 溶液组合改性作为湿地填料石灰石的最佳改性方案。

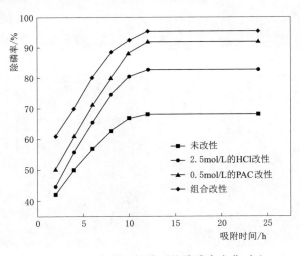

图 5-8　石灰石改性前后的除磷率变化对比

5.4　机理分析

图 5-9 是天然石灰石以及不同改性条件下的石灰石在 SEM 表征下显示的结构图。从图 5-9（a）可以看出，天然石灰石空隙大小杂乱无章，附有各个不同规则的颗粒物；经 2.5mol/L 的 HCl 溶液改性过的石灰石空隙明显变大而且出现晶内裂纹，颗粒物增加，如图 5-9（b）所示，可能是强酸性的 H⁺ 改变了晶体结构；如图 5-9（c）所示，经 0.5mol/L 的 PAC 溶液改性的石灰石空隙结构逐渐出现层网状，使其与改性溶剂接触更充分，但层系结构复杂错乱不均；而经二者组合改性过后的石灰石明显空隙变得均匀，如图 5-9（d）所示，除磷效率也是最佳。可能是因为石灰石先后经 HCl 溶液和 PAC 溶液处理后，首先酸疏通拓宽了石灰石孔道，使其孔容积及吸附点位增大，而大量吸附沉淀在天然石灰石表面的磷素解吸出来，均增强了石灰石的磷素吸附性

（a）天然石灰石　　　　　　　　　（b）2.5mol/L的HCl溶液改性后的石灰石

（c）0.5mol/L的PAC溶液改性后的石灰石　　　　　　（d）组合改性后的石灰石

图 5-9　天然及不同方法改性下的石灰石 SEM 照片

能，而增大 Al^{3+} 进入晶格中的可能性，从而组合改性下的石灰石更加提高了对磷的性能，除磷效果更好。

5.5　本章小结

（1）当反应时间达到 12h 时除磷效果达到饱和，1.0g/100mL 投加量时平均吸附量为 0.680mg/g，除磷率稳定在 68% 左右，所以反应时间控制在 12h 左右除磷效果最佳。

（2）填料粒径在 3~6mm 时的除磷效果相差很小，1.0g/100mL 投加量时平均吸附量为 0.681mg/g，除磷率都稳定在 68% 左右，所以粒径控制在 3~6mm 除磷效果最佳。

（3）考虑到农村生活污水的特性，选取 7.5 为实验最佳 pH 值条件，符合农村生活污水的水质情况，除磷率可达 90.87%。

（4）天然石灰石经 NaOH 溶液改性后除磷效果降低；经 HCl 溶液单一改性后所得到的最高吸附量为 1.654mg/g，最高除磷率约为 82.71%；经 PAC 溶液单一改性后所得到的最高吸附量为 1.836mg/g，最高除磷率为 91.79%；天然石灰石先后经浓度为 2.5mol/L 的 HCl 溶液和 0.5mol/L 的 PAC 溶液的组合改性除磷效果最好，吸附量达到 1.908mg/g，除磷率高达 95.38%。

（5）SEM 结果显示，通过 HCl、PAC 的改性处理可以改变天然石灰石的孔隙结构，增大填料的吸附表面，而铝改吸附效果高于酸改，组合改性的除磷效果要优于单一改性的除磷效果。因此，石灰石最佳改性工艺条件为当 pH 值为 7.5、粒径为 3~6mm、先后分别经过浓度为 2.5mol/L 的 HCl 溶液和 0.5mol/L 的 PAC 溶液的组合改性反应 12h。

6 秸 秆 炭

秸秆炭是由农业秸秆碳化生成，具有一定的吸附能力，对玉米秸秆进行碳化，从而得到秸秆炭。经研究表明秸秆炭可以去除污水中的氮磷。林兵等[1]研究碳化玉米秸秆对磷和氨氮的去除效果，结果表明当初始磷浓度为4.6mg/L、初始氨氮浓度为19.7mg/L时，磷和氨氮的去除率分别为95.65%和77.16%。陶正凯等[2]用不同浓度NaOH溶液改性玉米秸秆，改性后玉米秸秆表观形态发生改变，提高表层附着力，提高了脱氮效率，并且成本低廉，为NaOH改性玉米秸秆用于强化污水处理厂尾水反硝化脱氮提供理论依据，投加碱改性玉米秸秆的生物质系统1h内脱除了71.8%硝酸盐氮。隋欣恬[3]研究表明改性玉米秸秆对磷酸根的最大吸附容量为0.164mg/g，且具有良好的再生能力。陶梦佳[4]研究大豆秸秆、玉米秸秆、水稻秸秆3种秸秆生物炭及其改性后吸附效果，碳化温度为700℃时，3种秸秆生物炭吸附效果较好；秸秆生物炭改性后，对磷的吸附量比未改性均提高了1.3~1.6倍，对氨氮的吸附量比未改性均提高了1.2~1.3倍，由此可以看出，秸秆炭经改性后可有效提高其吸附量。WANG等[5]表明秸秆生物炭通过吸附完成废水净化，长期运行后，吸附饱和后，净化效果下降；秸秆生物炭对重金属的吸附效果较强；秸秆生物炭的经济效益和环境效益较高。

秸秆炭有较高的表层附着能力，对氮磷有较好的去除效果，且廉价易得，在废水处理中有很大应用，但对低浓度氮磷进水研究较少，并为秸秆找到新的再利用途径。因此，本书将其进行一定的改性，当初始氮磷浓度较低时，提高其吸附量，使改性后的秸秆炭具有增强湿地的净化效果。

6.1 秸秆炭脱氮除磷性能研究

6.1.1 反应时间对秸秆炭吸附效果影响

将秸秆炭用蒸馏水充分冲洗干净，去除表面杂质，再将冲洗干净的秸秆炭放入烘箱中，设置温度为105℃，烘干时间为2h，取出放置至室温，以留后续实验使用。

称取0.10g秸秆炭加入到100mL模拟废水中，放入恒温振荡培养箱中，设置转速和温度分别为130r/min和25℃，分别在2h、4h、8h、12h、24h、36h和48h时取样。取上清液经过0.45μm滤膜过滤，测得脱氮除磷率及吸附量，得出结果，并绘制秸秆炭关于反应时间的脱氮除磷性能图像，如图6-1所示。

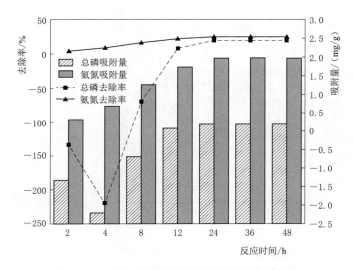

图6-1 反应时间对秸秆炭脱氮除磷效果影响

由图6-1可以看出，随反应时间的增加，秸秆炭先释放磷，当释放到一定量时，开始吸附除磷，而秸秆炭脱氮率随时间增加而缓慢增加。

当反应时间由2h增至24h时，秸秆炭先释放磷再吸附除磷，当反应时间为4h时，秸秆炭释磷量达到最大，而继续反应时，秸秆炭开始除磷，当反应时间达到24h时，秸秆炭对磷的吸附达到饱和，磷的去除率为19.51%，吸附量为0.195mg/g；当反应时间继续增加至48h时，秸秆炭除磷率和吸附量达到稳态，基本保持不变。

当反应时间由2h增至24h时，氨氮去除率由4%增至24.64%，吸附量由0.320mg/g增至1.971mg/g；当反应时间继续增加至48h时，氨氮去除率和吸附量达到稳态。

基于以上结果，反应时间为24h时，秸秆炭脱氮除磷效果的最佳，因此，后续反应时间定为24h。

6.1.2 投加量对秸秆炭吸附效果影响

将秸秆炭用蒸馏水充分冲洗干净，去除表面杂质，再将冲洗干净的秸秆炭放入烘箱中，设置温度为 105℃，烘干时间为 2h，取出放置至室温，以留后续实验使用。

称取 0.05g、0.08g、0.10g、0.15g 和 0.20g 秸秆炭加入 100mL 模拟废水中，放入恒温振荡培养箱中，设置转数和温度分别为 130r/min 和 25℃，在 24h 时取样。取上清液经过 0.45μm 滤膜过滤，测得脱氮除磷率及吸附量，得出结果，并绘制秸秆炭关于投加量的脱氮除磷性能图像，如图 6-2 所示。

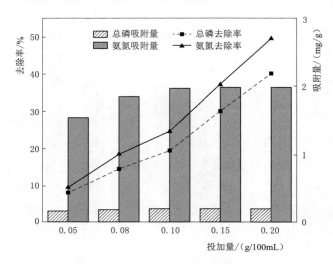

图 6-2 投加量对秸秆炭脱氮除磷效果影响

选择适当的秸秆炭投加量对实验具有重要的影响，因此，研究投加量对秸秆炭脱氮除磷的影响。由图 6-2 可以看出，随秸秆炭投加量的增加，脱氮除磷率增加。

当投加量由 0.05g/100mL 增至 0.20g/100mL 时，总磷去除率由 8.15% 增至 40.12%，吸附量由 0.163mg/g 增至 0.201mg/g；当投加量为 0.10g/100mL 时，总磷去除率为 19.51%，此时吸附量为 0.195mg/g；当投加量继续增加至 0.20g/100mL，吸附量为 0.201mg/g，比投加量为 0.10g/100mL 时仅增加了 0.006mg/g，差异不明显。

当投加量由 0.05g/100mL 增至 0.20g/100mL 时，氨氮去除率由 9.65% 增至 49.56%，吸附量由 1.544mg/g 增至 1.982mg/g；当投加量为 0.10g/100mL 时，氨氮去除率为 24.64%，此时吸附量为 1.971mg/g；当投加量继续增加至 0.20g/100mL，吸附量为 1.982mg/g，比投加量为 0.10g/100mL 时增加了 0.011mg/g。

投加量为 0.10g/100mL 时与 0.20g/100mL 时相比对氮磷的去除没有明显的差异，这可能是因为投加量增加，吸附点位增加，导致去除率增加，而系统里氮磷浓度一定，导致吸附量增加不显著，为避免造成资源浪费，同时综合考虑了秸秆炭投加量对脱氮除磷的效果，因此，后续实验秸秆炭的投加量为0.10g/100mL。

6.2　秸秆炭单一改性工艺研究

6.2.1　HCl改性

将秸秆炭用蒸馏水充分冲洗干净，去除表面杂质，再将冲洗干净的秸秆炭放入烘箱中，设置温度为105℃，烘干时间为2h，取出放置至室温，以留后续实验使用。

取10g预处理后的秸秆炭分别加入到100mL的表6-1对应的HCl溶液中，放入恒温振荡培养箱中，设置温度和转数分别为25℃和130r/min，振荡24h后取出样品，用蒸馏水清洗样品至无改性剂溶液残留后，放入烘箱中，设置温度为105℃条件下，烘干3h，取出放至室温，得到HCl改性秸秆炭，HCl浓度见表6-1，并对其进行脱氮除磷实验，得出结果，并绘制秸秆炭关于不同HCl浓度改性后的脱氮除磷性能图像，如图6-3所示。

表6-1		秸秆炭改性剂种类及浓度		单位：mol/L
HCl	NaOH	FeCl$_3$	MgSO$_4$	CaCl$_2$
0.3	0.5	0.1	0.3	0.1
0.5	1.0	0.3	0.5	0.3
0.7	1.5	0.5	1.0	0.5
1.0	2.0	1.0	1.5	1.0
1.5	2.5	1.5	2.0	1.5

由图6-3可以看出，秸秆炭脱氮除磷率随HCl浓度变化而变化。

当HCl浓度为0.3mol/L，总磷去除率为31.58%，吸附量为0.316mg/g，此时除磷效果最好；当HCl浓度继续增加至1.5mol/L时，除磷率先降低后升高再降低；当HCl浓度为0.7mol/L时，总磷去除率为26.32%，吸附量为0.263mg/g。

当HCl浓度由0.3mol/L增至0.7mol/L时，氨氮去除率由3.15%增至15.75%，吸附量由0.252mg/g增至1.26mg/g；当HCl浓度继续增至1.0mol/L时，氨氮去除率降至14.96%，吸附量降至1.197mg/g；HCl继续增至1.5mol/L时，氨氮去除率达到最大，去除率为28.35%，吸附量为2.268mg/g。

综合考虑，HCl浓度为0.7mol/L时，获得的改性秸秆炭脱氮除磷效果最

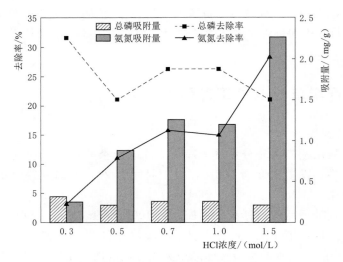

图 6-3　HCl 浓度对秸秆炭脱氮除磷效果影响

佳，此时总磷吸附量比未改性高 0.068mg/g，增加了约 34.87%，导致这种现象可能是 HCl 溶解了秸秆炭表面杂质与灰分，增加了吸附点位，使吸附量增加，从而除磷效果比未改性秸秆炭效果更好。氨氮吸附量反而比未改性低，故 HCl 改性后的秸秆炭适用于湿地填料除磷。

6.2.2　NaOH 改性

将秸秆炭用蒸馏水充分冲洗干净，去除表面杂质，再将冲洗干净的秸秆炭放入烘箱中，设置温度为 105℃，烘干时间为 2h，取出放置至室温，以留后续实验使用。

取 10g 预处理后的秸秆炭分别加入到 100mL 的表 6-1 对应的 NaOH 溶液中，放入恒温振荡培养箱中，设置温度和转数分别为 25℃和 130r/min，振荡 24h 后取出样品，用蒸馏水清洗样品至无改性剂溶液残留后，放入烘箱中，设置温度为 105℃条件下，烘干 3h，取出放至室温，得到 NaOH 改性秸秆炭，NaOH 浓度见表 6-1，并对其进行脱氮除磷实验，得出结果，绘制秸秆炭关于不同 NaOH 浓度改性后的脱氮除磷性能图像，如图 6-4 所示。

接下来做了不同浓度的 NaOH 对秸秆炭的脱氮除磷的影响。由图 6-4 可以看出，秸秆炭脱氮除磷率随 NaOH 浓度变化而变化。

当 NaOH 浓度由 0.5mol/L 增至 2.5mol/L 时，总磷去除率由 71.64% 降至 47.76%，吸附量由 0.716mg/g 降至 0.478mg/g。

当 NaOH 浓度由 0.5mol/L 增至 1.5mol/L 时，氨氮去除率由 23.62% 降至 10.24%，吸附量由 1.890mg/g 降至 0.819mg/g，当 NaOH 继续增加至 2.0mol/L 时，氨氮去除率增至 12.6%，吸附量增至 1.008mg/g，当 NaOH

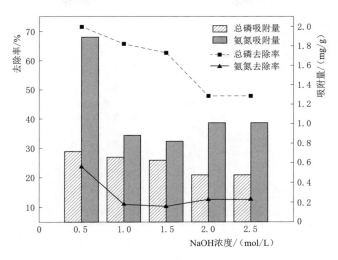

图 6-4　NaOH 浓度对秸秆炭脱氮除磷效果影响

继续增加至 2.5mol/L 时，去除率和吸附量达到稳态。

综合考虑，NaOH 浓度为 0.5mol/L 时，获得的改性秸秆炭脱氮除磷效果最佳，此时总磷吸附量比未改性高 0.521mg/g，增加了约 2.7 倍，氨氮吸附量反而比未改性低，故 NaOH 改性后的秸秆炭适用于湿地填料除磷。

6.2.3　FeCl₃ 改性

将秸秆炭用蒸馏水充分冲洗干净，去除表面杂质，再将冲洗干净的秸秆炭放入烘箱中，设置温度为 105℃，烘干时间为 2h，取出放置至室温，以留后续实验使用。

取 10g 预处理后的秸秆炭分别加入到 100mL 的表 6-1 对应的 FeCl₃ 溶液中，放入恒温振荡培养箱中，设置温度和转数分别为 25℃ 和 130r/min，振荡 24h 后取出样品，用蒸馏水清洗样品至无改性剂溶液残留后，放入烘箱中，设置温度为 105℃ 条件下，烘干 3h，取出放至室温，得到 FeCl₃ 改性秸秆炭，FeCl₃ 浓度见表 6-1，并对其进行脱氮除磷实验，得出结果，绘制秸秆炭关于不同氯化铁浓度改性后的脱氮除磷性能图像，如图 6-5 所示。

选取 FeCl₃ 对秸秆炭进行改性，不同浓度的 FeCl₃ 对秸秆炭脱氮除磷的影响。由图 6-5 可以看出，秸秆炭脱氮除磷率随 FeCl₃ 浓度变化而变化。

当 FeCl₃ 浓度由 0.1mol/L 增至 0.3mol/L 时，总磷去除率由 30.77% 增至 70.77%，吸附量由 0.308mg/g 增至 0.708mg/g；当 FeCl₃ 继续增加至 0.5mol/L 时，磷去除率降至 55.38%，吸附量降至 0.554mg/g；当 FeCl₃ 浓度继续增加时，除磷效果基本一致。

当 FeCl₃ 浓度由 0.1mol/L 增至 1.5mol/L 时，氨氮去除率范围为

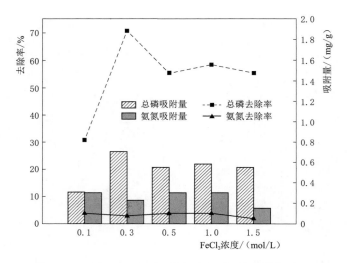

图 6-5 FeCl$_3$ 浓度对秸秆炭脱氮除磷效果影响

1.90％～3.81％，吸附量范围为 0.152～0.305mg/g。基于上述实验结果，FeCl$_3$ 浓度为 0.3mol/L 时，获得的改性秸秆炭除磷效果最佳，此时总磷吸附量比未改性高 0.513mg/g，增加了约 2.6 倍，氨氮吸附量反而比未改性低，故 FeCl$_3$ 改性后的秸秆炭适用于湿地填料除磷。

6.2.4 MgSO$_4$ 改性

将秸秆炭用蒸馏水充分冲洗干净，去除表面杂质，再将冲洗干净的秸秆炭放入烘箱中，设置温度为 105℃，烘干时间为 2h，取出放置至室温，以留后续实验使用。

取 10g 预处理后的秸秆炭分别加入到 100mL 的表 6-1 对应的 MgSO$_4$ 溶液中，放入恒温振荡培养箱中，设置温度和转数分别为 25℃和 130r/min，振荡 24h 后取出样品，用蒸馏水清洗样品至无改性剂溶液残留后，放入烘箱中，设置温度为 105℃条件下，烘干 3h，取出放至室温，得到 MgSO$_4$ 改性秸秆炭，MgSO$_4$ 浓度见表 6-1，并对其进行脱氮除磷实验，得出结果，并绘制秸秆炭关于不同 MgSO$_4$ 浓度改性后的脱氮除磷性能图像，如图 6-6 所示。

由图 6-6 可以看出，随着 MgSO$_4$ 浓度的增加，秸秆炭脱氮除磷率先增加后降低。

当 MgSO$_4$ 浓度由 0.3mol/L 增至 1.5mol/L 时，总磷去除率由 31.88％升至 66.67％，吸附量由 0.319mg/g 增至 0.667mg/g，此时吸附效果最佳；当 MgSO$_4$ 继续增加至 2.0mol/L 时，吸附效果反而降低。

当 MgSO$_4$ 浓度由 0.3mol/L 增至 1.0mol/L 时，氨氮去除率由 11.02％增

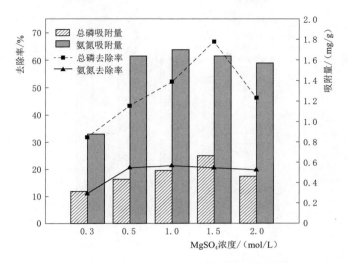

图 6-6 MgSO₄ 浓度对秸秆炭脱氮除磷效果影响

至 21.26%，吸附量由 0.882mg/g 增至 1.701mg/g；当 MgSO₄ 继续增加至 1.5mol/L 时，氨氮去除率降至 20.47%，吸附量降至 1.638mg/g；当 MgSO₄ 继续增加至 2.0mol/L 时，氨氮去除率降至 19.69%，吸附量降至 1.575mg/g。

综合考虑，当 MgSO₄ 浓度为 1.5mol/L 时，改性秸秆炭对磷的吸附量最大，总磷吸附量比未改性高 0.472mg/g，增加了约 2.4 倍，而此时氨氮吸附量比 1.0mol/L MgSO₄ 改性时低 0.063mg/g，但总体上氨氮吸附量比未改性低。因此，MgSO₄ 改性后的秸秆炭适用于湿地填料除磷。

6.2.5 CaCl₂ 改性

将秸秆炭用蒸馏水充分冲洗干净，去除表面杂质，再将冲洗干净的秸秆炭放入烘箱中，设置温度为 105℃，烘干时间为 2h，取出放置至室温，以留后续实验使用。

取 10g 预处理后的秸秆炭分别加入到 100mL 的表 6-1 对应的 CaCl₂ 溶液中，放入恒温振荡培养箱中，设置温度和转数分别为 25℃ 和 130r/min，振荡 24h 后取出样品，用蒸馏水清洗样品至无改性剂溶液残留后，放入烘箱中，设置温度为 105℃ 条件下，烘干 3h，取出放至室温，得到 CaCl₂ 改性秸秆炭，CaCl₂ 浓度见表 6-1，并对其进行脱氮除磷实验，得出结果，并绘制秸秆炭关于不同 CaCl₂ 浓度改性后的脱氮除磷性能图像，如图 6-7 所示。

使用 CaCl₂ 对秸秆炭进行改性，由图 6-7 可以看出，CaCl₂ 改性秸秆炭脱氮除磷率随 CaCl₂ 浓度变化而变化。

当 CaCl₂ 浓度由 0.1mol/L 增至 1.0mol/L 时，总磷去除率由 52.17% 增至 69.57%，吸附量由 0.522mg/g 增至 0.696mg/g；当 CaCl₂ 继续增加至

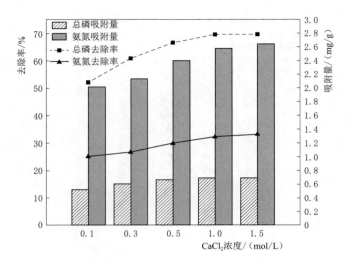

图 6-7　CaCl$_2$ 浓度对秸秆炭脱氮除磷效果影响

1.5mol/L 时，磷去除效果达到稳态。

当 CaCl$_2$ 浓度由 0.1mol/L 增至 1.5mol/L 时，氨氮去除率由 25.20% 增至 33.07%，吸附量由 2.016mg/g 增至 2.646mg/g，当 CaCl$_2$ 浓度为 1.0mol/L 时，氨氮去除率为 32.28%，吸附量为 2.582mg/g，此时氨氮吸附量仅仅比 CaCl$_2$ 浓度为 1.5mol/L 时低了 0.064mg/g，说明继续增加 CaCl$_2$ 浓度，对氨氮吸附效果影响不显著。

基于上述实验结果，CaCl$_2$ 浓度为 1.0mol/L 时，获得的改性秸秆炭脱氮除磷效果最佳，此时总磷吸附量比未改性高 0.501mg/g，增加了约 2.6 倍，氨氮吸附量比未改性高 0.611mg/g，增加了约 31%，故 1.0mol/L CaCl$_2$ 改性后的秸秆炭适用于人工湿地脱氮除磷填料。

6.3　秸秆炭组合改性工艺研究

将秸秆炭用蒸馏水充分冲洗干净，去除表面杂质，再将冲洗干净的秸秆炭放入烘箱中，设置温度为 105℃，烘干时间为 2h，取出放置至室温，以留后续实验使用。

称取 1g 经过预处理的秸秆炭，加入 2mol HCl、2mol NaOH 和 100mg/L 的 ZnCl$_2$ 溶液，放入恒温振荡培养箱，设置温度和转数分别为 25℃ 和 130r/min，24h 后，再分别加入 0.1mol/L、0.3mol/L、0.5mol/L、0.7mol/L、0.9mol/L 的七水合氯化镧溶液，调节 pH=10，继续放入恒温振荡培养箱，设定温度和转数分别为 25℃ 和 130r/min，24h 后取出样品，用蒸馏水将样品冲洗干净，放入烘箱中，设置温度为 105℃ 条件下，烘干 3h，取出放至室温，得到 ZnCl₂ -七水合氯化镧组合改性秸秆炭，并对其进行脱氮除磷实验，得出结果，并绘制秸秆炭关于不同七水合氯化镧浓度改性后的脱氮除磷性能图像，如图 6-8 所示。

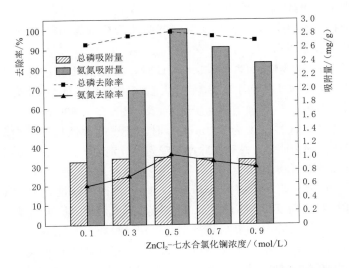

图 6-8 ZnCl₂ -七水合氯化镧组合改性秸秆炭脱氮除磷效果影响

ZnCl₂ 的浓度固定为 100mg/L，不同浓度的七水合氯化镧对秸秆炭的脱氮除磷率影响，如图 6-8 所示。从图 6-8 可以看出，随着七水合氯化镧的浓度增加，秸秆炭脱氮除磷率先增加后降低。

当七水合氯化镧浓度由 0.1mol/L 增至 0.5mol/L 时，总磷去除率由 92.63％升至 98.95％，吸附量由 0.926mg/g 增至 0.990mg/g，此时吸附效果最佳；当七水合氯化镧继续增加至 0.9mol/L 时，吸附效果反而降低。

当七水合氯化镧浓度由 0.1mol/L 增至 0.5mol/L 时，氨氮去除率由 19.77％增至 35.86％，吸附量由 1.582mg/g 增至 2.869mg/g，此时吸附效果最佳；当七水合氯化镧继续增加至 0.9mol/L 时，吸附效果反而降低。

基于上述实验结果，七水合氯化镧浓度为 0.5mol/L 时，获得的改性秸秆炭脱氮除磷效果最佳，此时总磷吸附量比未改性高 0.795mg/g，增加了约 4.1 倍，这可能是在离子交换和静电吸附的双重作用下，镧离子与磷酸根反应生成沉淀，去除磷酸根，提高改性秸秆炭吸附能力。氨氮吸附量比未改性高 0.898mg/g，增加了约 45.56％，故经过 ZnCl₂ -七水合氯化镧改性后的秸秆炭适用于人工湿地脱氮除磷填料。

6.4 对比分析

根据上述实验综合考虑,总结如下。

(1)当 HCl 改性浓度为 0.7mol/L 时,获得的改性秸秆炭对氮磷的去除率和吸附量提高最为明显,总磷去除率和吸附量分别为 26.32% 和 0.263mg/g,氨氮去除率和吸附量分别为 15.75% 和 1.26mg/g。

(2)当 NaOH 改性浓度为 0.5mol/L 时,获得的改性秸秆炭对氮磷的去除率和吸附量提高最为明显,总磷去除率和吸附量分别为 71.64% 和 0.716mg/g,氨氮去除率和吸附量分别为 23.62% 和 1.890mg/g。

(3)当 $FeCl_3$ 改性浓度为 0.3mol/L 时,获得的改性秸秆炭对氮磷的去除率和吸附量提高最为明显,总磷去除率和吸附量分别为 70.77% 和 0.708mg/g,此时氨氮去除率和吸附量很低。

(4)当 $MgSO_4$ 改性浓度为 1.5mol/L 时,获得的改性秸秆炭对氮磷的去除率和吸附量提高最为明显,总磷去除率和吸附量分别为 66.67% 和 0.667mg/g,氨氮去除率和吸附量分别为 20.47% 和 1.638mg/g。

(5)当 $CaCl_2$ 改性浓度为 1.0mol/L 时,获得的改性秸秆炭对氮磷的去除率和吸附量提高最为明显,总磷去除率和吸附量分别为 69.57% 和 0.696mg/g,氨氮去除率和吸附量分别为 32.28% 和 2.582mg/g。

(6)当 $ZnCl_2$-七水合氯化镧组合改性,当七水合氯化镧的浓度为 0.5mol/L 时,获得的改性秸秆炭对氮磷的去除率和吸附量提高最为明显,总磷去除率和吸附量分别为 98.95% 和 0.990mg/g,氨氮去除率和吸附量分别为 35.86% 和 2.869mg/g。

综上所述,后续实验选用 $ZnCl_2$-七水合氯化镧($ZnCl_2$ 浓度为 100mg/L、七水合氯化镧浓度为 0.5mol/L)组合改性的秸秆炭为人工湿地填料。

6.5 机理分析

6.5.1 吸附动力学模型及分析

称取 0.10g 经 $ZnCl_2$ 与浓度为 0.5mol/L 的七水合氯化镧组合改性秸秆炭,加入 100mL 模拟废水中,放入恒温振荡培养箱中,设置转速和温度分别为 130r/min 和 25℃,在 2h、4h、8h、12h、20h、24h 和 48h 时取样。取上清液经 $0.45\mu m$ 滤膜过滤,用钼酸铵分光光度法和纳氏试剂光度法测定出废水中磷和氨氮浓度,计算去除率和吸附量。得出结果,绘制吸附量与时间变化图像,并用准一级动力学方程和准二级动力学方程进行拟合,模拟吸附量和反应时间之间的关系,如图 6-9 所示。

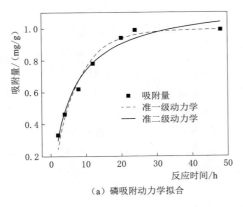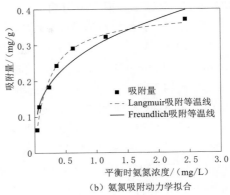

（a）磷吸附动力学拟合　　　　　　（b）氨氮吸附动力学拟合

图 6-9　吸附动力学拟合

表 6-2　　　　　　　　　吸附动力学参数

元素	准一级动力学			准二级动力学		
	q_e/(mg/g)	k_1	R^2	q_e/(mg/g)	k_2	R^2
磷	0.993	0.143	0.969	1.167	0.146	0.976
氨氮	2.793	0.237	0.961	3.153	0.100	0.988

由图 6-9 的吸附动力学拟合曲线与表 6-2 的吸附动力学参数可以看出。

（1）磷吸附动力学。准一级动力学模型与准二级动力学模型的 R^2 均大于 0.9,说明组合改性秸秆炭对磷的吸附过程并非单一的物理吸附,存在化学吸附。准二级动力学模型的 R^2（0.976）大于准一级动力学模型的 R^2（0.969）,说明准二级动力学模型可以更好地描述改性秸秆炭的吸附除磷过程。图 6-9（a）可以看出,随时间的推移,吸附的速率先快速上升,之后吸附速率开始减慢直到达到吸附平衡,吸附速率减慢发生在吸附后期,说明改性秸秆炭的吸附是快速吸附与慢速吸附的共同作用,与模型模拟相符,符合准二级动力学的吸附特点。

（2）氨氮吸附动力学。准一级动力学模型与准二级动力学模型的 R^2 均大于 0.9,说明组合改性秸秆炭对氨氮的吸附过程并非单一的物理吸附,存在化学吸附。准二级动力学模型的 R^2（0.988）大于准一级动力学模型的 R^2（0.961）,说明准二级动力学模型可以更好地描述改性秸秆炭的吸附除氨氮过程。图 6-9（b）可以看出,随时间的推移,吸附的速率先快速上升,之后吸附速率开始减慢直到达到吸附平衡,吸附速率减慢发生在吸附后期,说明改性秸秆炭的吸附是快速吸附与慢速吸附的共同作用,与模型模拟相符,符合准二级动力学的吸附特点。

6.5.2 吸附等温线模型及分析

称取 0.10g 经 $ZnCl_2$ 与浓度为 0.5mol/L 的七水合氯化镧组合改性秸秆炭，分别加入 100mL 磷初始浓度为 0.2mg/L、0.3mg/L、0.4mg/L、0.5mg/L、0.6mg/L、0.8mg/L 和 1.0mg/L 的含磷废水中；分别加入 100mL 初始氨氮浓度为 1mg/L、2mg/L、3mg/L、4mg/L、5mg/L、6mg/L 和 8mg/L 的氨氮废水中，放入恒温振荡培养箱中，设置温度 25℃、转数 130r/min，在 12h 后取样，取上清液经 0.45μm 滤膜过滤，用钼酸铵分光光度法和纳氏试剂光度法测定出废水中磷和氨氮浓度，计算去除率和吸附量，得到结果，绘制吸附量与平衡时污染物浓度图像，并用 Langmuir 模型和 Freundlich 模型进行拟合，如图 6-10 所示。

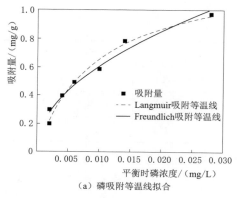 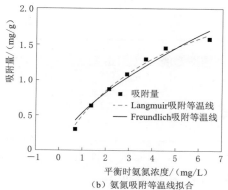

（a）磷吸附等温线拟合　　　　（b）氨氮吸附等温线拟合

图 6-10　吸附等温线拟合

表 6-3　　　　　吸 附 等 温 线 参 数

元素	Langmuir 模型			Freundlich 模型		
	$q_m/(mg/g)$	k_L	R^2	k_F	$1/n$	R^2
磷	1.170	86.070	0.974	5.771	0.489	0.964
氨氮	2.590	0.215	0.990	0.543	0.548	0.962

由图 6-10 的拟合曲线与表 6-3 的吸附等温线参数可以看出。

（1）磷等温吸附。Langmuir 等温吸附模型和 Freundlich 等温吸附模型的 R^2 均大于 0.9，说明这两种模型都可以在一定程度上描述改性秸秆炭的吸附过程，即改性秸秆炭的吸附过程有单分子层吸附，也有多分子层吸附。由 Langmuir 等温吸附模型的模拟可知改性秸秆炭的最大吸附量是 1.170mg/g；

本实验中 $1/n$ 为 0.489 说明改性秸秆炭容易吸附溶液中的磷酸盐，是有利吸附。因为 Langmuir 的 R^2（0.974）大于 Freundlich 的 R^2（0.964），说明改性秸秆炭的吸附过程更倾向于单层均相吸附，有化学吸附的参与，这与准二级吸附动力学的结论相互证实。

（2）氨氮等温吸附。Langmuir 等温吸附模型和 Freundlich 等温吸附模型的 R^2 均大于 0.9，说明这两种模型都可以在一定程度上描述改性秸秆炭的吸附过程，即改性秸秆炭的吸附过程有单分子层吸附，也有多分子层吸附。由 Langmuir 等温吸附模型的模拟可知改性秸秆炭的最大吸附量是 2.590mg/g。因为 Langmuir 的 R^2（0.990）大于 Freundlich 的 R^2（0.962），说明改性秸秆炭的吸附过程更倾向于单层均相吸附，有化学吸附的参与，这与准二级吸附动力学的结论相互证实。

6.5.3 表面特征分析

扫描电镜表面特征分析结果如图 6-11 所示。

（a）未改性秸秆炭　　　　　　　　（b）$ZnCl_2$-七水合氯化镧改性秸秆炭

图 6-11　未改性秸秆炭与 $ZnCl_2$ - 0.5mol/L 七水合氯化镧改性秸秆炭电镜表征

图 6-11 是未改性秸秆炭与 $ZnCl_2$ - 0.5mol/L 七水合氯化镧改性秸秆炭在电镜下显示的表面特征。可以看出，改性前后的秸秆炭表面特征有很大变化。由图 6-11（a）可以看出，未改性秸秆炭的表面沟壑不规则，有杂乱无章的空隙，表面有灰分。由图 6-11（b）可以看出，经过 $ZnCl_2$-七水合氯化镧改性后的秸秆炭表面溶出孔洞，且孔洞排序规则有序，大小均匀。改性秸秆炭表面光滑没有灰分，这是因为改性过程中，灰分被洗掉。由上述两张图片对比可以看出，经过 $ZnCl_2$-七水合氯化镧改性后的秸秆炭表面积明显增加。这可能是改性剂改变了秸秆炭的表面形状，增加了秸秆炭的表面积，为吸附脱氮除磷提供了更多吸附点位，有利于改性玉米秸秆炭对氨氮和磷的去除，从而改性秸秆炭的脱氮除磷率增加。

6.6 本章小结

本章实验通过研究不同改性剂对秸秆炭吸附脱氮除磷的影响，筛选出吸附性能较好的改性填料，并对其进行吸附动力学拟合、等温吸附拟合以及扫描电镜表征，得到结果如下。

（1）秸秆炭投加量为 0.10g/100mL，反应为 24h，秸秆炭脱氮除磷效果基本达到稳定，此时磷去除率为 19.51%、吸附量为 0.195mg/g，氨氮去除率为 24.64%、吸附量为 1.971mg/g。

（2）$ZnCl_2$-七水合氯化镧组合改性秸秆炭，当七水合氯化镧的浓度 0.5mol/L 时，此时磷和氨氮的去除效果最好，磷去除率为 98.95%、吸附量为 0.990mg/g，氨氮去除率为 35.86%、吸附量为 2.869mg/g。

（3）改性秸秆炭的除磷吸附过程符合准一级（$R^2 = 0.969$）和准二级（$R^2 = 0.976$）动力学、Langmuir 等温吸附（$R^2 = 0.974$）和 Freundlich 等温吸附（$R^2 = 0.964$）模型，说明改性秸秆炭的除磷过程是物理和化学共同作用，更倾向于单层吸附；改性秸秆炭的氨氮吸附过程符合准一级（$R^2 = 0.961$）和准二级（$R^2 = 0.988$）动力学、Langmuir 等温吸附（$R^2 = 0.990$）和 Freundlich 等温吸附（$R^2 = 0.962$）模型，说明改性秸秆炭的去除氨氮过程是物理和化学共同作用，更倾向于单层吸附。

（4）通过扫描电镜表征改性前后秸秆炭，可以看出，经过 $ZnCl_2$-七水合氯化镧组合改性秸秆炭后的改性秸秆炭孔洞明显增加，孔洞排列规律，比表面积增大。因此，$ZnCl_2$-七水合氯化镧对秸秆炭组合改性效果最好。

参考文献

[1] 林兵，杨新敏，李丽娜. 碳化秸秆对城市生活污水中氮磷吸附效能的研究 [J]. 安徽农学通报，2017，25（14）：80-82.

[2] 陶正凯，陶梦妮，王印，等. NaOH 改性玉米秸秆强化尾水脱氮特性研究 [J]. 林业工程学报，2019，4（6）：91-97.

[3] 隋欣恬. 改性玉米秸秆去除水中硝酸根和磷酸根的特性和机理研究 [D]. 广州：华南理工大学，2017.

[4] 陶梦佳. 秸秆生物炭的制备改性及对水体中氮磷的吸附效能研究 [D]. 哈尔滨：哈尔滨工业大学，2018.

[5] WANG H，XU J，LIU X，et al. Preparation of straw activated carbon and its application in wastewater treatment：a review [J]. Journal of Cleaner Production，2021，283：124671.

7 稻 壳 炭

7.1 稻壳吸附性能研究现状

7.1.1 稻壳组成及结构

我国种植水稻数量在世界前列。稻壳作为农业废弃物，产量多，消耗大量空间存放，有易燃烧的特性，现在主要的处理方法是弃置或者焚烧，同时对土壤、大气和水资源造成严重污染，还会危害到周边居民的身体健康。相应地，稻壳产量巨大也意味着可再生性强，造价低廉，对稻壳的资源化利用可以在降低环境污染的同时带来巨大的经济利益。对稻壳的再利用是人们长期关注的焦点。稻壳主要成分见表 7-1。

表 7-1 稻 壳 组 成 成 分 %

成分	水分	纤维素	木质素	粗蛋白	灰分
含量	8~15	30~45	20~25	2.5~5	10~25

稻壳由于其自身纤维素组成的网状结构使其对废水中污染物有一定的吸附能力，我国农村就有将稻壳包裹好放在出水口获得干净的灌溉水或者将其放在排水口减少排水对环境污染的做法。同时稻壳中含有较多的碳元素为骨架的纤维素和 SiO_2。网状的 SiO_2 结构起到骨架作用，同时大量的碳元素让稻壳非常适合作为活性炭的原材料。使用稻壳制备活性炭可以吸附废水中有害物质，既使得农业废弃物再利用，实现资源化处理，也减少焚烧稻壳产生的严重的空气污染。

7.1.2 稻壳吸附性能研究现状

生物质炭是将生物质材料（如花生壳、稻壳和秸秆等）在缺氧或隔绝氧气的条件下经热裂解形成的产物。稻壳制备的稻壳基活性炭比表面积大，孔隙有效空间大，曲折度大；化学性质稳定；稻壳炭化后，SiO_2 形成排列整齐的网状结构充当稻壳炭的骨架，稻壳中的纤维在被热解炭化后，附着在网状骨架上，这种结构可以通过改性暴露出各种不同的基团（如羟基、羧基的羰基等官能团），增强吸附能力。目前对稻壳炭吸附各种污染物质的研究有很多，由于稻壳炭本身的结构特征，为了提高稻壳炭的吸附量可以对其进行表面改性，包括通过无机酸、碱、无机盐或强氧化剂等进行改性或负载来提高吸附量。董亚文[1] 利用氢氟酸对稻壳炭进行改性，可以提高对镉和汞的吸附效果；YADAV 等[2] 以柠檬渣和稻壳炭制备吸附剂，通过酸改性，对磷的吸附率达到 95%；ZHANG 等[3] 通过负载镧氧化物对稻壳炭进行改性，对高浓度含磷废水的去除率达到 97.6%；HO[4] 通过对稻壳炭进行负载氧化镁普鲁兰，使除磷率达到 98.5%。

7.2 稻壳炭的制备

7.2.1 稻壳炭的前处理

将稻壳炭使用 30%乙醇清洗，将稻壳表面色素等有机物清洗干净，再用足量蒸馏水清洗稻壳表面，将残留的乙醇和可溶性糖等杂质清理完全后，放入烘箱中，在 105℃条件下烘干 2h。将烘干的稻壳放入坩埚中，马弗炉在 400℃条件下隔绝氧气加热 2h 得到稻壳炭，留作后续实验备用。

7.2.2 改性稻壳炭的制备

将前处理完成的稻壳炭，加入到 100mL 不同浓度的 HCl、NaOH、$AlCl_3$ 和 $FeCl_3$ 溶液中，在 25℃的温度下恒温振荡 12h，充分接触进行改性。

7.3 稻壳炭吸附除磷性能研究

7.3.1 反应时间对稻壳炭除磷影响

将 1g 稻壳炭加入到 100mL、10mg/L 含磷废水中，放入 25℃的恒温振荡培养箱中，振荡转速为 120r/min，在 1h、2h、3h、5h、7h、10h、12h 和 24h 时取样。将水样用离心机以转速 8000r/min 条件下离心 5min 后，取上清液经过 0.45μm 滤膜过滤，用钼酸铵分光光度法测定出废水中磷浓度并计算除磷率，绘制稻壳炭关于反应时间的除磷性能曲线，如图 7-1 所示。

由图 7-1 可知，随着时间的增长，当反应进行到 10h 后，除磷率提高微小，可忽略不计，吸附除磷效果达到饱和，除磷率为 62.3%。可以看出未改性稻壳炭对废水中的磷酸盐有比较好的吸附效果，但是远不能达到排放标准，不能应用到实际的废水处理中。后续实验中稻壳炭吸附时间选择 10h。

7.3.2 投加量对稻壳炭除磷影响

称取 0.3g、0.5g、0.7g、1.0g、1.3g、1.5g 稻壳炭分别加入到 100mL、10mg/L 的含磷废水中，放入恒温振荡培养箱中，在温度为 25℃、转速为 120r/min 条件下振荡，10h 后取样。将水样用离心机离心 5min，取上清液经滤膜过滤后，用分光光度法测定出废水中磷浓度，计算除磷率和吸附量。投加量对稻壳炭除磷效果影响如图 7-2 所示。

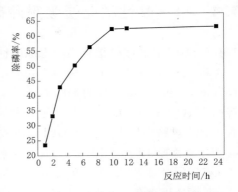

图 7-1 反应时间对稻壳炭除磷效果影响

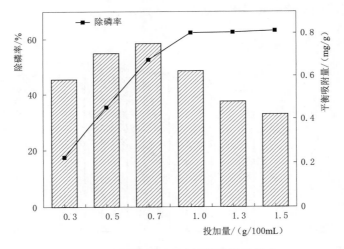

图 7-2 投加量对稻壳炭除磷效果影响

由图 7-2 可知，就总体而言，稻壳炭投加量与除磷率正相关。稻壳炭投加量在 0.3～1.0g/100mL 时，除磷率随投加量增加而迅速增加，从 17.5％上升至 62.3％，这是因为增加稻壳炭提供了更多的吸附点位，强化对磷的吸附。稻壳炭的平衡吸附量从 0.583mg/g 上升至 0.623mg/g。当投加量达到 1.0g/100mL 时，在继续增加稻壳炭的投加量，除磷率增长缓慢，投加量为 1.5g/100mL 时，除磷率为 63.1％仅提高了 0.8％，平衡吸附量下降至 0.421mg/g。这可能是因为过多的稻壳炭在溶液中重叠，相互遮挡吸附点位，污水中的磷与吸附剂接触的表面积增加不及投加量的增加导致的吸附点位利用效率降低。在后续实验中稻壳炭的投加量选择 1.0g/100mL。

7.4 单一改性稻壳炭吸附除磷性能研究

7.4.1 HCl 溶液改性稻壳炭吸附除磷性能研究

将稻壳炭分别加入到 0.0mol/L、0.3mol/L、0.5mol/L、0.7mol/L、1.0mol/L 和 1.3mol/L 的 HCl 溶液中，放入 25℃的恒温振荡培养箱中，振荡转速为 120r/min。振荡 12h 后取出样品，用蒸馏水清洗至无 HCl 溶液残留后，放入烘箱中烘干。得到 HCl 溶液改性稻壳炭，留作后续实验备用。

分别称取 1g 经不同浓度 HCl 溶液改性的稻壳炭，分别加入到 100mL、10mg/L 的含磷废水中，放入恒温振荡培养箱中，在 25℃的条件下以 120 r/min 的速度振荡，10h 后取样。将水样用离心机离心 5min，取上清液经滤膜过滤后，用分光光度法测定出废水中磷浓度，计算除磷率和吸附量。HCl 溶液改性对稻壳炭除磷效果影响如图 7-3 所示。

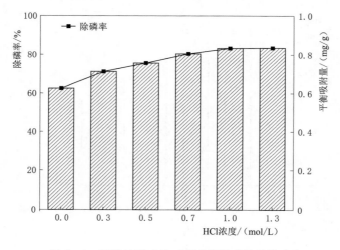

图 7-3　HCl 溶液改性对稻壳炭除磷效果影响

由图 7-3 可知，当 HCl 溶液浓度由 0.3mol/L 上升至 1.0mol/L 时，除磷率由 71.2％上升至 83.4％，平衡吸附量从 0.712mg/g 上升至 0.834mg/g。相比未改性稻壳炭的除磷率有一定的提升。这是因为 HCl 溶解了稻壳炭的微孔、介孔中一部分金属氧化物等杂质，疏通了稻壳炭的孔隙，提高孔隙的比表面积，增加了有效利用空间。继续提高 HCl 溶液浓度，达到 1.3mol/L 时，除磷率为 83.6％，相较 1.0mol/L 时，除磷率变化可以忽略不计。这是因为 HCl 溶液已经达到饱和，孔隙中的杂质已经完全溶解，无法继续增加有效的吸附点位。后续实验中选择浓度为 1.0mol/L 的 HCl 溶液作为备选方案。

7.4.2 NaOH 溶液改性稻壳炭吸附除磷性能研究

将稻壳炭分别加入到 0.0mol/L、1.0mol/L、1.5mol/L、2.0mol/L、2.5mol/L 和 3.0mol/L 的 NaOH 溶液中，放入恒温振荡培养箱中，在温度为 25℃、转速为 120r/min 条件下振荡。12h 后取出样品，用蒸馏水清洗至无 NaOH 溶液残留后，放入烘箱中烘干。得到 NaOH 溶液改性稻壳炭，留作后续实验备用。

分别称取 1g 经不同浓度 NaOH 溶液改性的稻壳炭，分别加入到 100mL、10mg/L 的含磷废水中，放入恒温振荡培养箱中，在温度为 25℃、转速为 120r/min 条件下振荡，10h 后取样。将水样用离心机离心 5min，取上清液经滤膜过滤后，用分光光度法测定出废水中磷浓度，计算除磷率和吸附量。NaOH 溶液改性对稻壳炭除磷效果影响如图 7-4 所示。

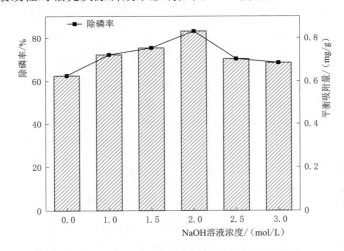

图 7-4　NaOH 溶液改性对稻壳炭除磷效果影响

由图 7-4 可知，当 NaOH 溶液浓度从 1.0mol/L 上升到 2.0mol/L 时，除磷率由 72.1% 上升到 85.2%，平衡吸附量从 0.721mg/g 上升到 0.852mg/g，这是因为稻壳炭骨架中的一部分 SiO_2 溶解于 NaOH 溶液中，扩宽了稻壳炭的孔道，增加了比表面积。NaOH 溶液浓度继续增加至 3.0mol/L，除磷率下降至 68.4%，平衡吸附量降低至 0.684mg/g。这是因为高浓度的 NaOH 溶液溶解了过量的 SiO_2，破坏了稻壳炭的骨架，毁坏了稻壳炭本身的多孔结构；同时在碱性环境中，较多的 OH^- 不利于稻壳炭对磷酸盐吸附，两者的共同作用降低了稻壳炭对磷的去除率。后续实验中选择浓度为 2.0mol/L 的 NaOH 溶液作为备选方案。

7.4.3 FeCl₃ 溶液改性稻壳炭吸附除磷性能研究

将稻壳炭分别加入到 0.0mol/L、0.1mol/L、0.3mol/L、0.5mol/L、

0.7mol/L、1.0mol/L 的 $FeCl_3$ 溶液中，放入恒温振荡培养箱中，在温度为 25℃、转速为 120r/min 条件下振荡。12h 后取出样品，用蒸馏水清洗至无 $FeCl_3$ 溶液残留后，放入烘箱中烘干。得到 $FeCl_3$ 溶液改性稻壳炭，留作后续实验备用。分别称取 1g 经不同浓度 $FeCl_3$ 溶液改性的稻壳炭，分别加入到 100mL、10mg/L 的含磷废水中，放入 25℃ 的恒温振荡培养箱中，振荡转速 120r/min，在 10h 后取样。将水样用离心机离心 5min，取上清液滤膜过滤后，用分光光度法测定出废水中磷浓度，计算除磷率和吸附量。$FeCl_3$ 溶液改性对稻壳炭除磷效果影响如图 7-5 所示。

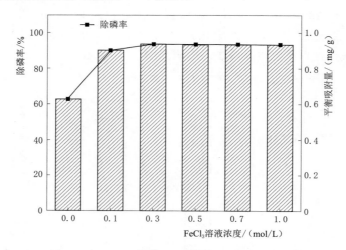

图 7-5 $FeCl_3$ 溶液改性对稻壳炭除磷效果影响

由图 7-5 可知，当 $FeCl_3$ 溶液浓度从 0.1mol/L 上升到 0.3mol/L 时，除磷率由 90.1% 上升到 93.6%，平衡吸附量从 0.901mg/g 上升到 0.936mg/g，相较未改性稻壳炭有很大提升，这可能是因为稻壳炭负载了一部分 Fe^{3+}，与废水中的 PO_4^{3-} 发生反应生成难溶的 $FePO_4$ 沉淀，被稻壳炭吸附。反应式见式（7-1）。同时被稻壳炭负载的 $FeCl_3$ 充当了絮凝剂作用，产生絮凝物，被稻壳炭吸附从而去除废水中的磷。

$$Fe^{3+} + PO_4^{3-} \longrightarrow FePO_4 \downarrow \qquad (7-1)$$

提高 $FeCl_3$ 溶液的浓度，除磷率有小范围的波动（93.2%～93.6%），去除率基本不变，这可能是因为稻壳炭可以负载 Fe^{3+} 有限，继续提高浓度并不能负载更多的 Fe^{3+}。后续实验中选择 0.3mol/L 的 $FeCl_3$ 溶液作为备选方案。

7.4.4 $AlCl_3$ 改性稻壳炭吸附除磷性能研究

将稻壳炭分别加入到 0.0mol/L、0.1mol/L、0.3mol/L、0.5mol/L、

0.7mol/L 和 1.0mol/L 的 AlCl$_3$ 溶液中，放入恒温振荡培养箱中，在温度为 25℃、转速为 120r/min 条件下振荡。12h 后取出样品，用蒸馏水清洗至无 AlCl$_3$ 溶液残留后，放入烘箱中在 105℃ 条件下烘干。得到 AlCl$_3$ 溶液改性稻壳炭，留作后续实验备用。

分别称取 1g 经不同浓度 AlCl$_3$ 溶液改性的稻壳炭，分别加入到 100mL、10mg/L 的含磷废水中，放入恒温振荡培养箱中，设定温度为 25℃、转速为 120r/min，在 10h 后取样。将水样用离心机离心 5min，取上清液经滤膜过滤后，用分光光度法测定出废水中磷浓度，计算除磷率和吸附量。AlCl$_3$ 溶液改性对稻壳炭除磷效果影响如图 7-6 所示。

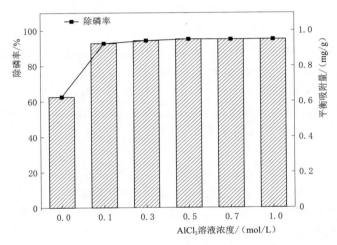

图 7-6　AlCl$_3$ 溶液改性对稻壳炭除磷效果影响

由图 7-6 可知，当 AlCl$_3$ 溶液浓度从 0.1mol/L 上升到 0.5mol/L 时，除磷率由 92.7% 上升到 95.1%，平衡吸附量从 0.927mg/g 上升到 0.951mg/g，相较未改性稻壳炭提升很多，这可能是因为稻壳炭负载了一部分 Al^{3+}，与废水中的 PO$_4^{3-}$ 发生反应生成难溶的 AlPO$_4$ 沉淀，被稻壳炭吸附。反应式见式（7-2）。同时被稻壳炭负载的 AlCl$_3$ 是良好的絮凝剂，可以帮助生成絮凝物，被稻壳炭吸附从而去除废水中的磷。

$$Al^{3+} + PO_4^{3-} \longrightarrow AlPO_4 \downarrow \qquad (7-2)$$

提高 AlCl$_3$ 溶液的浓度，除磷率有小范围的波动（95.0%～95.1%），去除率基本不变，这可能是因为稻壳炭可以负载 Al^{3+} 有限，继续提高浓度并不能负载更多的 Al^{3+}。后续实验中选择 0.5mol/L 的 AlCl$_3$ 溶液作为备选方案。

7.5　组合改性稻壳炭吸附除磷性能研究

7.5.1　不同组合改性稻壳炭除磷性能研究

由于稻壳炭经过 HCl 溶液改性（83.4%）和 NaOH 溶液改性（85.2%）的除磷率相差较小，经 $FeCl_3$ 溶液改性（93.6%）和 $AlCl_3$（95.7%）溶液改性的除磷率相差较小，所以组合改性方案定为经过浓度为 1.0mol/L 的 HCl 溶液改性的稻壳炭和 2.0mol/L 的 NaOH 溶液改性的稻壳炭，分别再经 0.3mol/L 的 $FeCl_3$ 溶液和 0.5mol/L $AlCl_3$ 溶液改性。

将经过 1.0mol/L 的 HCl 溶液改性的稻壳炭用蒸馏水清洗干净，烘干后分别加入到 0.3mol/L 的 $FeCl_3$ 溶液（HCl - $FeCl_3$）、0.5mol/L 的 $AlCl_3$ 溶液（HCl - $AlCl_3$）中；将经过 2.0mol/L 的 NaOH 溶液改性的稻壳炭用蒸馏水清洗干净，烘干后分别加入到 0.3mol/L 的 $FeCl_3$ 溶液（Na - $FeCl_3$）、0.5mol/L 的 $AlCl_3$ 溶液（Na - $AlCl_3$）中，放入恒温振荡培养箱中，在温度为 25℃、转速为 120r/min 条件下振荡。12h 后取出样品，用蒸馏水清洗至无改性溶液残留后，放入烘箱中烘干。得到组合改性稻壳炭，留作后续实验备用。

分别称取 1g 经不同组合改性的稻壳炭，分别加入到 100mL、10mg/L 的含磷废水中，放入恒温振荡培养箱中，在温度为 25℃、转速为 120r/min 条件下振荡。10h 后取样。将水样用离心机离心 5min，取上清液经滤膜过滤后，用分光光度法测定出废水中磷浓度，计算除磷率和吸附量。组合改性对稻壳炭除磷效果影响如图 7-7 所示。

图 7-7 显示了不同组合的改性方式稻壳炭之间的除磷率变化。结果表明经组合改性的稻壳炭除磷率均高于单一改性稻壳；经 NaOH 溶液改性的稻壳炭除磷率高于经 HCl 溶液改性。其中经 Na - $FeCl_3$ 改性稻壳炭除磷率为 96.7%，经 Na - $AlCl_3$ 改性稻壳炭除磷率为 98.9%。这是因为经 NaOH 溶液改性后的稻壳炭会负载一部分 OH^-，再经 $AlCl_3$ 和 $FeCl_3$ 溶液改性，稻壳炭不仅负载 Fe^{3+}、Al^{3+}，同时还会生成 $Fe(OH)_3$、$Al(OH)_3$ 胶体。这些金属离子与氢氧化物与磷酸根发生配位体产生沉淀，生成难溶的磷酸盐沉淀。同时产生的胶体负载与稻壳炭上，产生絮凝体，提高除磷率。其他实验也有证实铝盐改性对生物质炭除磷有促进作用。后续实验中选择的经 2.0mol/L 的 NaOH 溶液和 0.5mol/L 的 $AlCl_3$ 溶液组合改性为最佳改性方案。

7.5.2　pH 值对改性稻壳炭除磷影响

称取 1g 组合改性稻壳炭加入 100mL、10mg/L 含磷废水中，分别调节 pH 值为 2、3、4、5、6、7、8、9 和 10，放入 25℃ 的恒温振荡培养箱中，振

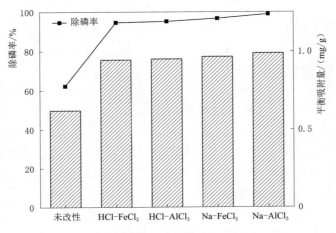

图 7-7　组合改性对稻壳炭除磷效果影响

荡转速 120r/min，在 12h 后取样。将水样用离心机离心 5min，取上清液经滤膜过滤后，用分光光度法测定出废水中磷浓度，计算除磷率和吸附量。pH 值对改性稻壳炭除磷效果影响如图 7-8 所示。

由图 7-8 可知，在 pH 值的变化下，组合改性稻壳炭的除磷率先上升再下降，在 pH 值为 6～8 时除磷率有小范围波动。在强酸性环境中，废水中磷酸盐以稳定的 H_3PO_4 形态存在，稻壳炭主要依靠自身的网状结构进行吸附。随着 pH 值的不断增大，废水中 HPO_4^{2-} 和 $H_2PO_4^-$ 的浓度不断增加，可以与改性稻壳炭负载的 Al^{3+} 生成难溶的磷酸铝沉淀，促进反应正向进行，去除废水中的磷酸盐。

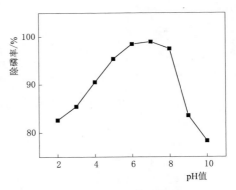

图 7-8　pH 值对改性稻壳炭除磷效果影响

当 pH 值为 7 时，除磷率达到最高的 98.8%。当 pH 值为 6～8 时，除磷率有波动但是除磷效果相差不大，这可能是因为 $Al(OH)_3$ 有一定的两性性质，可以在弱酸弱碱的条件下维持 pH 值中性。pH 值继续增大，稻壳炭骨架中的二氧化硅溶于碱液，使孔隙坍塌，破坏了稻壳炭的网状结构，降低了吸附能力。同时随着 OH^- 的浓度增加，稻壳炭负载的 Al^{3+} 更多的与 OH^- 结合而减少了沉淀的能力。并且高浓度的 OH^- 与废水中的 PO_4^{3-} 和 HPO_4^{2-} 争夺稻壳炭的吸附点位，抑制吸附过程。改性稻壳炭处理废水最佳 pH 值是 7。

7.6 机理分析

7.6.1 吸附动力学模型及分析

称取 1g 组合改性稻壳炭加入 100mL、10mg/L 含磷废水中，放入恒温振荡培养箱中，放入恒温振荡培养箱中，在 15℃、25℃ 和 35℃ 的条件下以 120r/min 的转速振荡，在 2h、4h、6h、8h、10h、12h 和 18h 时取样。将水样用离心机离心 5min，取上清液经滤膜过滤后，用分光光度法测定出废水中磷浓度，计算除磷率和吸附量。绘制吸附量与时间变化曲线，进行准一级动力学方程和准二级动力学方程的拟合。

由图 7-9 的拟合曲线与表 7-2 的动力学参数可以看出，准一级动力学模型与准二级动力学模型的 R^2 均大于 0.9，说明改性稻壳炭对磷的吸附过程并非单一的物理或化学吸附，而是物理吸附和化学吸附的复合吸附过程。准二级动力学模型的 R^2（0.966~0.979）均大于准一级动力学模型的 R^2（0.951~

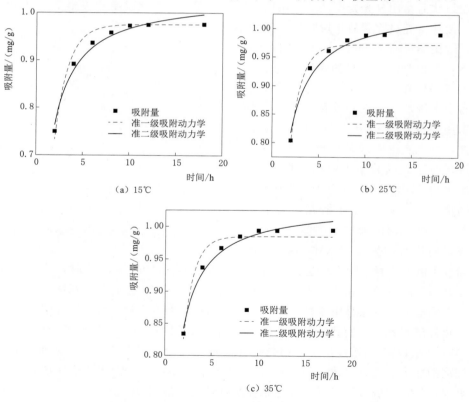

（a）15℃

（b）25℃

（c）35℃

图 7-9　吸附动力学模型拟合

0.957），说明准二级动力学模型可以更好地描述改性稻壳炭的吸附除磷过程。可以看出随时间的推移，吸附开始时吸附的速率快速上升，快速吸附阶段结束后，直至吸附平衡前，吸附速率一直缓慢下降。吸附速率减慢发生在吸附后期，说明稻壳炭的吸附是快速吸附与慢速吸附的共同作用，与模型模拟相符，符合准二级动力学的吸附特点。

表 7-2　　　　　　　　吸 附 动 力 学 参 数

温度/℃	准一级动力学参数			准二级动力学参数		
	q_e/(mg/g)	k_1	R^2	q_e/(mg/g)	k_2	R^2
15	0.976	0.696	0.954	1.034	1.354	0.976
25	0.972	0.966	0.957	1.039	1.779	0.966
35	0.985	0.911	0.951	1.035	2.110	0.979

7.6.2　吸附等温线模型及分析

称取 1g 组合改性稻壳炭，分别加入 100mL 初始浓度为 1mg/L、2mg/L、3mg/L、4mg/L、5mg/L、7mg/L、9mg/L、10mg/L 含磷废水中，放入恒温振荡培养箱中，在温度为 25℃、转速为 120r/min 条件下振荡，12h 后取样。将水样用离心机离心 5min，取上清液经滤膜过滤后，用分光光度法测定出废水中磷浓度，计算除磷率和吸附量。进行 Langmuir 模型和 Freundlich 模型的拟合。

由图 7-10 等温吸附曲线与表 7-3 的模拟结果可以看出，Langmuir 等温吸附模型和 Freundlich 等温吸附模型的 R^2 均大于 0.9，说明这两种模型都可以在一定程度上描述改性稻壳炭的吸附过程，改性稻壳炭的吸附是单分子层和多分子层都具备的复杂吸附过程。改性稻壳炭的 Langmuir 模型的 R^2（0.991）大 于 Freundlich 模 型 的 R^2（0.972），说明改性稻壳炭更倾向

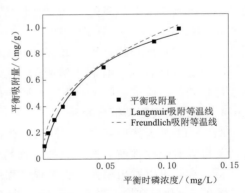

图 7-10　吸附等温线模型拟合

于有化学吸附反应参与的单层均相吸附。Freundlich 等温吸附模型中 $1/n$（0.414）$<$ 0.5，说明改性稻壳炭容易吸附废水中的磷酸盐，是有利吸附过程。

表 7-3 吸 附 等 温 线 参 数

Langmuir 模型			Freundlich 模型		
q_m/(mg/g)	k_L	R^2	k_F	$1/n$	R^2
1.439	12.126	0.991	2.541	0.414	0.972

7.6.3 吸附热力学分析

称取 1g 组合改性稻壳炭加入 100mL、10mg/L 含磷废水中，放入恒温振荡培养箱中，在 15℃、25℃和 35℃的条件下以 120r/min 的转速振荡，在 10h 时取样。将水样用离心机离心 5min，取上清液经滤膜过滤后，用分光光度法测定出废水中磷浓度，计算除磷率和吸附量。用吸附热力学公式计算，结果见表 7-4。

表 7-4 吸 附 热 力 学 参 数

温度/K	k	ΔG/(kJ/mol)	ΔH/(kJ/mol)	ΔS/[J/(mol·K)]
288.15	36.037	-8.589		
298.15	89.927	-11.152	56.448	226.024
308.15	165.667	-13.091		

表 7-4 显示初始磷浓度为 10mg/L 时，不同温度下的热力学参数。由表中数据可以看出不同温度条件下的吉布斯自由能（ΔG）（-8.589~-13.091）均小于 0，说明改性稻壳炭对磷的吸附可以自发进行。ΔG 随温度的上升而降低，说明升温更有利于对磷的吸附，这与实验结果及准二级动力学方程的结论相符。焓变（ΔH）（56.448）在该反应中大于 0，说明该吸附是吸热反应，同样说明升温利于对磷的吸附。熵变（ΔS）（226.024）大于 0，吸附剂与含磷废水之间反应随机性较强，有利于吸附的进行。综上所述，由热力学函数可以说明改性稻壳炭对磷的吸附是自发的、吸热的熵增反应。

7.6.4 稻壳炭表面特征分析

图 7-11 是天然稻壳炭与不同条件改性下的稻壳炭在 SEM 下显示的表面特征。可以看出改性前后的稻壳炭表面特征有所改变。图 7-11（a）是未改性的稻壳炭，可以看出稻壳炭仍然很大程度上保留稻壳本身所具有的纤维素骨架与网状二氧化硅结构。图 7-11（b）是经过 1.0mol/L 的 HCl 溶液改性，可以看出稻壳炭表面出现破损样孔隙，这是 HCl 溶解了稻壳表面的一部分金属氧化物等杂质，拓宽了稻壳炭的孔隙，提高比表面积。图 7-11（c）是使用 2.0mol/L 的 NaOH 溶液进行改性，可以看出稻壳炭的结构发生明显改变，稻壳炭的表面出现明显的大孔隙，这是因为 NaOH 溶液可以破坏稻壳炭的纤维，稻壳炭骨架中的一部分 SiO_2 被溶解，增加稻壳炭的比表面积。图 7-11（d）是经过

组合改性的稻壳炭，可以看出稻壳炭经 NaOH 溶液改性后大量孔隙被拓宽，这些被拓宽的孔隙有利于负载 FeCl₃ 和除磷效果更好的 AlCl₃。经过这样处理的稻壳炭比表面积远大于未经改性的稻壳炭，增大与含磷废水的接触面积，增加活性吸附点位，提高磷的吸附容量。与仅经过 FeCl₃ 和 AlCl₃ 溶液改性的稻壳炭相比，更大的孔隙可以负载更多的改性剂，从而更好的处理含磷废水，这与实验结果相符。

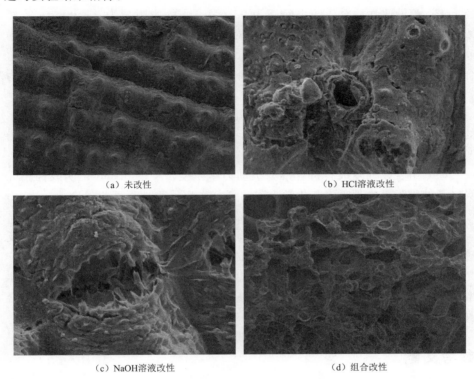

（a）未改性 （b）HCl溶液改性

（c）NaOH溶液改性 （d）组合改性

图 7 - 11 天然及不同改性条件下稻壳炭 SEM

7.7 本章小结

本章主要研究经过不同方式改性稻壳炭以及不同影响因素对改性稻壳炭吸附效果的影响，并进行吸附动力学模型和吸附等温线模型的模拟，可以得出下列结论。

（1）未改性稻壳炭对磷有一定吸附能力，但是不足以应用到实际废水处理中。投加量与对磷的去除率成正比。当投加量达到 1.0g/100mL 以后，继续投加对除磷率的提升变得不明显，除磷率为 62.3%，平衡吸附量为

0.623mg/g。

（2）改性稻壳炭反应时间 10h，投加量 1.0g/100mL 时可以达到最佳去除效果。

（3）稻壳炭经浓度为 1.0mol/L 的 HCl 溶液改性后对磷的去除率为 83.4%，平衡吸附量为 0.834mg/g；经浓度为 2.0mol/L 的 NaOH 溶液改性后对磷的去除率为 85.2%，平衡吸附量为 0.852mg/g；经浓度为 0.3mol/L 的 FeCl₃ 溶液改性后对磷的去除率为 93.6%，平衡吸附量为 0.936mg/g；经浓度为 0.5mol/L 的 AlCl₃ 溶液改性后对磷的去除率为 95.1%，平衡吸附量为 0.951mg/g；经浓度为 2.0mol/L 的 NaOH 溶液与 0.5mol/L 的 AlCl₃ 溶液组合改性的稻壳炭除磷效果最好，对磷的去除率为 98.9%，平衡吸附量为 0.989mg/g。

（4）pH 值对改性稻壳炭除磷效果影响很大，考虑去除率与农村生活污水的实际状况，改性稻壳炭除磷最佳 pH＝7，除磷率为 98.9%，平衡吸附量为 0.989mg/g。

（5）组合改性麦饭石符合准二级动力学模型，$R^2 = 0.966$ 说明改性稻壳炭对磷的吸附是物理吸附与化学吸附的复合作用；改性稻壳炭符合 Langmuir 等温吸附模型，$R^2 = 0.991$，说明改性麦饭石倾向于单层均相吸附。

（6）对组合改性稻壳炭进行热力学分析，说明改性稻壳炭对磷的吸附反应是自发的、吸热的熵增反应，提高温度有利于吸附反应的进行。

（7）SEM 表征结果显示通过盐酸、NaOH 溶液可以改变稻壳炭的结构，增大稻壳炭的比表面积，铝盐可以更好地负载在经过改性的稻壳炭上，组合改性稻壳炭除磷效果优于单一改性。

参考文献

［1］董亚文. 改性稻壳灰对水中重金属铬和汞的吸附作用［D］. 哈尔滨：哈尔滨商业大学，2016.

［2］YADAV D，KAPUR M，KUMAR P，et al. Adsorptive removal of phosphate from aqueous solution using rice husk and fruit juice residue［J］. Process Safety and Environmental Protection，2015，94.

［3］ZHANG L，WAN L，CHANG N，et al. Removal of phosphate from water by activated carbon fiber loaded with lanthanum oxide［J］. Journal of Hazardous Materials，2011，190（1）.

［4］HO Y S. Review of second – order models for adsorption systems.［J］. Journal of hazardous materials，2006，136（3）.

8 废 弃 砖

近年来,废弃砖被应用于污水中去除氮磷等物质具有一定的效果。汪文飞[1] 以红砖作为人工湿地填料,因为红砖比表面积大,具有较强的吸附能力,研究表明当磷进水浓度为 30mg/L、氨氮进水浓度为 20mg/L 时,反应平衡时,红砖对磷的吸附量为 0.186mg/g、氨氮的吸附量为 0.172mg/g。石文祥[2] 研究 3 种砖块对磷的吸附,得出最大吸附量为免烧砖、水泥块次之、红砖最低,当进水磷浓度为 1mg/L 时,红砖吸附量为 0.02~0.03mg/g。濮玥瑶[3] 将红砖经过铁、铝以及铁-铝金属盐溶液改性,对模拟雨水进行磷吸附实验,结果表明当初始磷浓度为 2mg/L 时,红砖对磷的吸附量约为 0.020mg/g,改性后红砖的吸附性能明显提升,并且改性红砖的吸附量与初始磷浓度有关,初始磷浓度增加则吸附量增加,当初始磷浓度为 10mg/L 时,红砖被铁-铝改性后对磷的吸附量为 0.612mg/g。时霞[4] 研究表明红砖表面粗糙多孔,比表面积较大,在人工湿地中对磷的去除有很大潜力,以红砖作为人工湿地填料,当进水浓度为 4mg/L 时,磷去除率约为 69.50%。李瑞兴等[5] 研究表明红砖具有较大的孔隙率,对磷酸盐有较好的去除效果,当磷酸盐浓度为 3%,进水磷浓度为 1mg/L 时,磷的去除率约 51.58%。陈眡圳等[6] 研究表明,废弃砖湿地系统对总磷和氨氮的去除率达到 91% 和 78%。王振等[7] 用人工湿地处理猪场废水,结果表明对磷的吸附废弃砖包括物理吸附和化学吸附。MATEUS 等[8] 研究表明,用石灰石废料和黏土砖碎片或软木颗粒的混合物可作为人工湿地填料,可以有效去除污染物。MARCELI-NO[9] 研究表明,砖对氨氮的去除率达到 70%,对总磷的去除率达到 46%,砖可以替代砾石和沙子等传统湿地填料。LI 等[10] 通过垂直流人工湿地研究废弃物再生填料的污染物去除效率,结果表明再生填料对总磷和 COD 的去除效果优于天然填料,其中混凝土-砖对总磷和 COD 的去除率分别达到 51.3%

和 74.9%，说明再生填料作为人工湿地填料是可行的。我国废弃砖产量较大，废弃砖有较大的表面积，在污水处理应用中有一定潜力，通过对废弃砖进行酸、碱、盐改性，并研究改性前后废弃砖脱氮除磷性能，获得最佳改性工艺，得到改性效果较好的脱氮除磷填料，并对其进行吸附动力学、吸附等温线拟合以及表面特征分析，探究其吸附机理。

8.1　废弃砖脱氮除磷性能研究

8.1.1　反应时间对废弃砖吸附效果影响

将废弃砖制成粒径为 3～5mm 的废弃砖块，用蒸馏水将废弃砖冲洗干净，以去除废弃砖残留的杂质，废弃砖清理完全后，将其放入烘箱中，设置温度为 105℃，烘干时间为 3h，取出放置至室温，以留后续实验使用。

称取 1.5g 废弃砖加入到 100mL 模拟废水中，放入恒温振荡培养箱中，设置转速和温度分别为 130r/min 和 25℃，分别在 1h、2h、4h、8h、12h、24h 和 48h 时取样。取上清液经过 0.45μm 滤膜过滤，测得脱氮除磷率及吸附量，得出结果，并绘制废弃砖关于时间的脱氮除磷性能曲线，如图 8-1 所示。

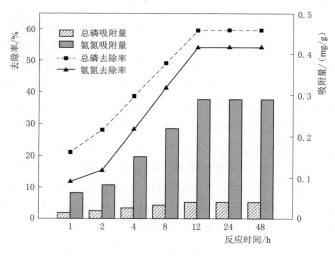

图 8-1　反应时间对废弃砖脱氮除磷效果影响

由图 8-1 可以看出，随反应时间的增加，废弃砖脱氮除磷率随之增加。当反应时间由 1h 增加到 12h 时，总磷去除率由 21.05% 升至 59.65%，从而吸附量由 0.014mg/g 增加到 0.040mg/g；当反应时间为 12h 时，总磷去除率达到最大，为 59.65%，吸附饱和，此时吸附量为 0.040mg/g；当反应时间持续增加至 48h 时，总磷的去除率和吸附量达到稳态。

当反应时间由 1h 增加到 12h 时，氨氮去除率由 11.76% 增加到 54.12%，吸附量由 0.063mg/g 增至 0.289mg/g；当反应时间为 12h 时，氨氮去除率达到最大，为 54.12%，吸附饱和，此时吸附量为 0.289mg/g；当反应时间继续增加至 48h 时，氨氮去除率趋于平衡。

基于上述结果，废弃砖的最佳反应时间为 12h。

8.1.2　投加量对废弃砖吸附效果影响

将废弃砖制成粒径为 3~5mm 的废弃砖块，用蒸馏水将废弃砖冲洗干净，以去除废弃砖残留的杂质，废弃砖清理完全后，将其放入烘箱中，设置温度为 105℃，烘干时间为 3h，取出放置至室温，以留后续实验使用。

称取 0.5g、0.7g、1.0g、1.3g、1.5g 和 2.0g 废弃砖加入到 100mL 模拟废水中，放入恒温振荡培养箱中，设置转速和温度分别为 130r/min 和 25℃，在 12h 时取样。取上清液经过 0.45μm 滤膜过滤，测得脱氮除磷率及吸附量，得出结果，并绘制废弃砖关于投加量的脱氮除磷性能曲线，如图 8-2 所示。

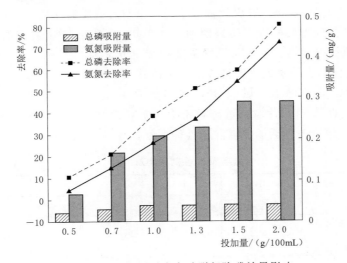

图 8-2　投加量对废弃砖脱氮除磷效果影响

由图 8-2 可以看出，随着增加废弃砖的投加量，废弃砖脱氮除磷率也随之增加。

当投加量由 0.5g/100mL 增至 2.0g/100mL 时，总磷去除率由 10.53% 增至 81.01%，吸附量由 0.021mg/g 增加到 0.041mg/g；当投加量为 1.5g/100mL 时，总磷去除率为 59.65%，此时吸附量为 0.040mg/g，吸附量比投加量为 2.0g/100mL 时仅仅少了 0.001mg/g，说明继续增加投加量对吸附量影响不显著。

当投加量由 0.5g/100mL 增至 2.0g/100mL 时，氨氮去除率由 4.17％增至 72.38％，吸附量由 0.067mg/g 增至 0.290mg/g；当投加量为 1.5g/100mL 时，氨氮去除率为 54.12％，此时吸附量为 0.289mg/g，比投加量为 2.0g/100mL 时仅仅少了 0.001mg/g，说明继续增加投加量对吸附量影响不显著。

由以上结果可知，投加量为 1.5g/100mL 时与 2.0g/100mL 时相比没有显著性差异，这可能是因为投加量增加，吸附点位增加，导致氮磷去除率增加，而系统里氮磷浓度一定，导致氮磷吸附量增加不显著，为避免造成资源浪费，因此，后续实验投加量选 1.5g/100mL。

8.2 废弃砖单一改性工艺研究

8.2.1 HCl 改性

将废弃砖制成粒径为 3～5mm 的废弃砖块，用蒸馏水将废弃砖冲洗干净，以去除废弃砖残留的杂质，废弃砖清理完全后，将其放入烘箱中，设置温度 105℃，烘干时间为 3h，取出放置至室温，以留后续实验使用。

取 10g 预处理后的废弃砖分别加入到 100mL 的表 8-1 对应的 HCl 溶液中，放入恒温振荡培养箱中，设置温度和转速分别为 25℃和 130r/min，振荡 24h 后取出样品，用蒸馏水清洗样品至无改性剂溶液残留后，放入烘箱中，设置温度为 105℃条件下，烘干 3h，取出放至室温，得到 HCl 改性废弃砖，HCl 浓度见表 8-1，并对其进行脱氮除磷实验，得出结果，并绘制废弃砖关于不同 HCl 浓度改性后的脱氮除磷性能曲线，如图 8-3 所示。

表 8-1　　　　　　　　废弃砖改性剂种类及浓度　　　　　　单位：mol/L

HCl	NaOH	FeCl$_3$	PAC	CaCl$_2$
1.0	0.5	0.1	0.1	0.1
1.5	1.0	0.3	0.3	0.5
2.0	1.5	0.5	0.5	1.0
2.5	2.0	1.0	1.0	1.5
3.0	2.5	1.5	1.5	2.0

由图 8-3 可以看出，废弃砖脱氮除磷率随 HCl 浓度变化而变化。

当 HCl 浓度由 1.0mol/L 增至 2.0mol/L 时，总磷去除率由 59.75％增至 63.64％，吸附量由 0.040mg/g 增至 0.042mg/g；当 HCl 浓度继续增加至 3.0mol/L 时，除磷效果反而降低。结果表明，当 HCl 浓度为 2.0mol/L 时除磷效果最好。

当 HCl 浓度由 1.0mol/L 增至 2.0mol/L 时，氨氮去除率由 65.22％增至

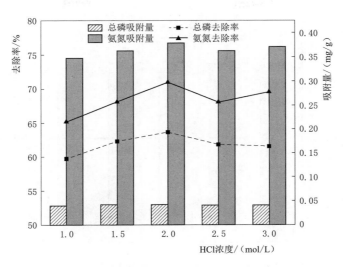

图 8-3 HCl 处理浓度对废弃砖脱氮除磷效果影响

71.01%，吸附量由 0.348mg/g 增至 0.379mg/g，此时去除氨氮效果最好；当 HCl 浓度继续增加至 3.0mol/L 时，除氨氮率先降低后增加，当浓度为 3.0mol/L 时，氨氮去除率为 69.57%，吸附量为 0.371mg/g。结果表明，当 HCl 浓度为 2.0mol/L 时去除氨氮效果最好。

　　基于以上实验结果表明，当 HCl 最佳浓度为 2.0mol/L 时，获得的改性废弃砖对氮磷的去除率和吸附量效果最好，此时总磷吸附量只比未改性废弃砖高 0.002mg/g，增加了约 5%，氨氮吸附量比未改性高 0.09mg/g，增加了约 31.14%，这种现象可能是 HCl 溶解了废弃砖表面的部分杂质，增加了吸附点位，从而使吸附量增加。综合考虑，经 HCl 改性后的废弃砖对总磷的吸附量提升较小，故 HCl 改性后的废弃砖不适合用于湿地填料除磷。

8.2.2　NaOH 改性

　　将废弃砖制成粒径为 3～5mm 的废弃砖块，用蒸馏水将废弃砖冲洗干净，以去除废弃砖残留的杂质，废弃砖清理完全后，将其放入烘箱中，设置温度为 105℃条件下，烘干时间为 3h，取出放置至室温，以留后续实验使用。

　　取 10g 预处理后的废弃砖分别加入到 100mL 的表 8-1 对应的 NaOH 溶液中，放入恒温振荡培养箱中，设置温度和转速分别为 25℃和 130r/min，振荡 24h 后取出样品，用蒸馏水清洗样品至无改性剂溶液残留后，放入烘箱中，设置温度为 105℃条件下，烘干 3h，取出放至室温，得到 NaOH 改性废弃砖，NaOH 浓度见表 8-1，并对其进行脱氮除磷实验，得出结果，并绘制废弃砖关于不同 NaOH 浓度改性后的脱氮除磷性能曲线，如图 8-4 所示。

　　由图 8-4 可以看出，废弃砖脱氮除磷率随 NaOH 浓度改变而变化。

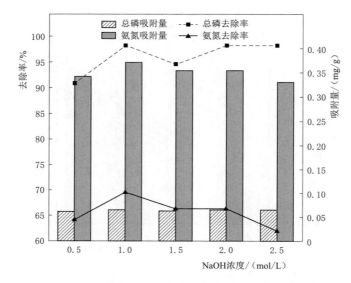

图 8-4　NaOH 处理浓度对废弃砖脱氮除磷效果影响

当 NaOH 浓度由 0.5mol/L 增至 1.0mol/L 时，总磷去除率由 90.91％增至 98.18％，吸附量由 0.061mg/g 增至 0.065mg/g；当 NaOH 浓度继续增加至 2.5mol/L 时，除磷率先下降后增加，最后达到稳态。由此可知，当 NaOH 浓度为 1.0mol/L 时，总磷去除率达到最高为 98.18％，此时除磷效果最好。

当 NaOH 浓度由 0.5mol/L 增至 1.0mol/L 时，氨氮去除率由 64.13％增至 69.57％，吸附量由 0.342mg/g 增至 0.371mg/g；当 NaOH 浓度继续增加至 2.5mol/L 时，氨氮去除率反而降低。因此，当 NaOH 浓度为 1.0mol/L 时，氨氮去除率达到最大值为 69.57％，此时除氨氮效果最好。

结果表明，NaOH 浓度为 1.0mol/L 时，获得的改性废弃砖对氮磷去除率和吸附量的效果最佳，此时总磷吸附量比未改性废弃砖高 0.025mg/g，增加了约 62.50％，氨氮吸附量比未改性高 0.082mg/g，增加了约 28.37％。得到此结果的原因可能是 NaOH 溶解了废弃砖表面的部分杂质，疏通孔道，从而增加表面积，导致吸附量增加，提高了对氮磷的去除率。由结果可知，经 1.0mol/L 的 NaOH 改性后的废弃砖脱氮除磷效果最佳，因此，选取该浓度改性后的废弃砖作为人工湿地填料。

8.2.3　FeCl₃ 改性

将废弃砖制成粒径为 3~5mm 的废弃砖块，用蒸馏水将废弃砖冲洗干净，以去除废弃砖残留的杂质，废弃砖清理完全后，将其放入烘箱中，设置温度为 105℃条件下，烘干时间为 3h，取出放置至室温，以留后续实验使用。

取 10g 预处理后的废弃转分别加入到 100mL 的表 8-1 对应的 FeCl₃ 溶液

中，放入恒温振荡培养箱中，设置温度和转速分别为 25℃和 130r/min，振荡 24h 后取出样品，用蒸馏水清洗样品至无改性剂溶液残留后，放入烘箱中，设置温度为 105℃条件下，烘干 3h，取出放至室温，得到 FeCl₃ 改性废弃砖，FeCl₃ 浓度见表 8-1，并对其进行脱氮除磷实验，得出结果，并绘制废弃砖关于不同氯化铁浓度改性后的脱氮除磷性能曲线，如图 8-5 所示。

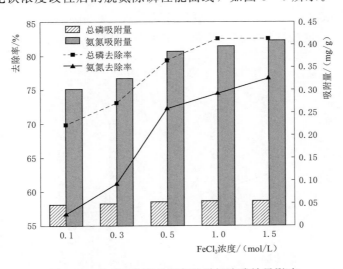

图 8-5　FeCl₃ 浓度对废弃砖脱氮除磷效果影响

由图 8-5 可以看出，随着 FeCl₃ 浓度的增加，改性废弃砖脱氮除磷率也随之增加。

当 FeCl₃ 浓度由 0.1mol/L 增至 1.0mol/L 时，总磷去除率由 69.84% 增至 82.54%，吸附量由 0.047mg/g 增至 0.055mg/g；当 FeCl₃ 浓度继续增加至 1.5mol/L 时，除磷率达到稳态；因此，当 FeCl₃ 浓度为 1.0mol/L 时，总磷去除率为 82.5%，此时除磷效果最好。

当 FeCl₃ 浓度由 0.1mol/L 增至 1.5mol/L 时，氨氮去除率由 56.67% 增至 76.67%，吸附量由 0.302mg/g 增至 0.409mg/g，此时除氨氮效果最好。

由结果可知，当 FeCl₃ 浓度为 1.5mol/L 时，获得的改性废弃砖对氮磷去除率和吸附量的效果最好，此时总磷吸附量比未改性废弃砖高 0.015mg/g，增加了约 37.5%，氨氮吸附量比未改性高 0.120mg/g，增加了约 41.52%。因此，经 1.5mol/L FeCl₃ 改性后的废弃砖可作为人工湿地填料。

8.2.4　PAC 改性

将废弃砖制成粒径为 3～5mm 的废弃砖块，用蒸馏水将废弃砖冲洗干净，以去除废弃砖残留的杂质，废弃砖清理完全后，将其放入烘箱中，设置温度为 105℃条件下，烘干时间为 3h，取出放置至室温，以留后续实验使用。

取 10g 预处理后的废弃转分别加入到 100mL 的表 8-1 对应的 PAC 溶液中，放入恒温振荡培养箱中，设置温度和转速分别为 25℃和 130r/min，振荡24h 后取出样品，用蒸馏水清洗样品至无改性剂溶液残留后，放入烘箱中，设置温度为 105℃条件下，烘干 3h，取出放至室温，得到 PAC 改性废弃砖，PAC 浓度见表 8-1，并对其进行脱氮除磷实验，得出结果，并绘制废弃砖关于不同 PAC 浓度改性后的脱氮除磷性能曲线，如图 8-6 所示。

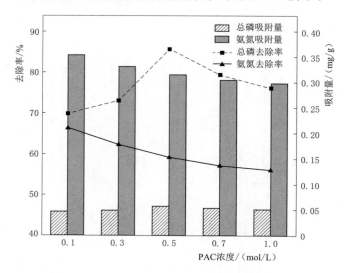

图 8-6　PAC 浓度对废弃砖脱氮除磷效果影响

由图 8-6 可以看出，废弃砖除磷率随 PAC 浓度增加先增加后降低，脱氮率随 PAC 浓度增加而逐渐降低。

当 PAC 浓度由 0.1mol/L 增至 0.5mol/L 时，总磷去除率由 69.84％增至85.71％，吸附量由 0.047mg/g 增至 0.057mg/g；当 PAC 浓度继续增加至1.0mol/L 时，除磷效果反而降低；因此，当 PAC 浓度为 0.5mol/L 时，总磷去除率为 85.71％，此时除磷效果最好。

当 PAC 浓度由 0.1mol/L 增至 1.0mol/L 时，氨氮去除率由 66.33％降至56.12％，吸附量由 0.354mg/g 降至 0.299mg/g；当 PAC 浓度为 0.5mol/L时，氨氮的去除率为 59.18％，吸附量为 0.316mg/g。

基于对氮磷去除效果最佳考虑，当 PAC 浓度为 0.5mol/L 时，获得的改性废弃砖对氮磷去除率和吸附量效果最好，此时总磷吸附量比未改性废弃砖高0.017mg/g，增加了约 42.5％，氨氮吸附量比未改性废弃砖高 0.027mg/g，增加了约 9.34％。经 0.5mol/L 的 PAC 改性后的废弃砖除磷效果最佳，脱氮效果不明显，但是也可作为人工湿地填料。

8.2.5 CaCl₂ 改性

将废弃砖制成粒径为 3～5mm 的废弃砖块，用蒸馏水将废弃砖冲洗干净，以去除废弃砖残留的杂质，废弃砖清理完全后，将其放入烘箱中，设置温度为 105℃条件下，烘干时间为 3h，取出放置至室温，以留后续实验使用。

取 10g 预处理后的废弃砖分别加入到 100mL 的表 8-1 对应的 CaCl₂ 溶液中，放入恒温振荡培养箱中，设置温度和转速分别为 25℃和 130r/min，振荡 24h 后取出样品，用蒸馏水清洗样品至无改性剂溶液残留后，放入烘箱中，设置温度为 105℃条件下，烘干 3h，取出放至室温，得到 CaCl₂ 改性废弃砖，CaCl₂ 浓度见表 8-1，并对其进行脱氮除磷实验，得出结果，并绘制废弃砖关于不同 CaCl₂ 浓度改性后的脱氮除磷性能曲线，如图 8-7 所示。

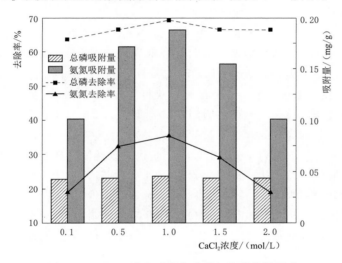

图 8-7 CaCl₂ 浓度对废弃砖脱氮除磷效果影响

由图 8-7 可以看出，随着 CaCl₂ 浓度的增加，废弃砖脱氮除磷率先增加后降低。

当 CaCl₂ 浓度由 0.1mol/L 增至 1.0mol/L 时，总磷去除率由 63.77% 增至 69.57%，吸附量由 0.043mg/g 增至 0.046mg/g；当 CaCl₂ 浓度继续增加至 2.0mol/L 时，吸附效果反而降低；因此，当 CaCl₂ 浓度为 1.0mol/L 时，总磷去除率为 69.57%，此时除磷效果最好。

当 CaCl₂ 浓度由 0.1mol/L 增至 1.0mol/L 时，氨氮去除率由 18.90% 增至 35.43%，吸附量由 0.101mg/g 增至 0.189mg/g；当 CaCl₂ 浓度继续增至 2.0mol/L 时，吸附效果反而降低。因此，当 CaCl₂ 浓度为 1.0mol/L 时，氨氮去除率为 35.43%，此时除氨氮效果最好。

结果表明，当 $CaCl_2$ 浓度为 1.0mol/L 时，获得的改性废弃砖对氮磷去除率和吸附量效果最佳，此时总磷吸附量比未改性废弃砖高 0.006mg/g，增加了约 15%，而氨氮吸附量反而比未改性的废弃砖低 0.100mg/g，因此，$CaCl_2$ 改性后的废弃砖不适合用于湿地填料除氨氮。

8.2.6　对比分析

根据上述实验结果，总结如下。

（1）当 HCl 浓度为 2.0mol/L 时，获得的改性废弃砖对氮磷的去除率和吸附量效果最佳，总磷去除率和吸附量分别为 63.64% 和 0.042mg/g，氨氮去除率和吸附量分别为 71.01% 和 0.379mg/g。

（2）当 NaOH 浓度为 1.0mol/L 时，获得的改性废弃砖对氮磷的去除率和吸附量效果最佳，总磷去除率和吸附量分别为 98.18% 和 0.065mg/g，氨氮去除率和吸附量分别为 69.57% 和 0.371mg/g。

（3）当 $FeCl_3$ 浓度为 1.5mol/L 时，获得的改性废弃砖对氮磷的去除率和吸附量效果最佳，总磷去除率和吸附量分别为 82.54% 和 0.055mg/g，氨氮去除率和吸附量分别为 76.67% 和 0.409mg/g。

（4）当 PAC 浓度为 0.5mol/L 时，获得的改性废弃砖对氮磷的去除率和吸附量效果最佳，总磷去除率和吸附量分别为 85.71% 和 0.057mg/g，氨氮去除率和吸附量分别为 59.18% 和 0.316mg/g。

（5）当 $CaCl_2$ 浓度为 1.0mol/L 时，获得的改性废弃砖对氮磷的去除率和吸附量效果最佳，总磷去除率和吸附量分别为 69.57% 和 0.046mg/g，氨氮去除率和吸附量分别为 35.43% 和 0.189mg/g。

综上所述，由于 1.0mol/L NaOH 改性后的废弃砖对氮磷的去除率及吸附量效果最好，因此后续实验选用 1.0mol/L NaOH 改性的废弃砖为人工湿地填料。

8.3　机理分析

8.3.1　吸附动力学模型及分析

称取 1.5g、1.0mol/L 氢氧化钠改性废弃砖加入到 100mL 的模拟废水中，放入恒温振荡培养箱中，设置转速和温度分别为 130r/min 和 25℃，在 1h、2h、4h、6h、10h、12h 和 24h 时，取上清液经 $0.45\mu m$ 滤膜过滤，用钼酸铵分光光度法和纳氏试剂光度法测定出废水中磷和氨氮浓度，计算去除率和吸附量，得出结果，绘制吸附量与时间变化图像，并用准一级动力学方程和准二级动力学方程进行拟合，模拟吸附量和反应时间之间的关系，如图 8-8 所示。

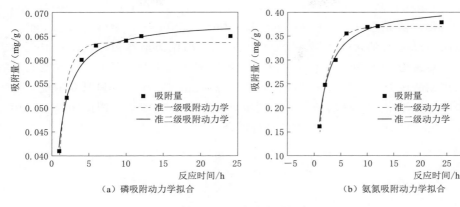

（a）磷吸附动力学拟合　　　　　　　（b）氨氮吸附动力学拟合

图 8-8　吸附动力学拟合

　　（1）磷吸附动力学。由表 8-2 的吸附动力学参数可知，磷的准一级动力学模型与准二级动力学模型的 R^2 均大于 0.9，说明改性废弃砖对磷的吸附过程并非单一的物理吸附，存在化学吸附。准二级动力学模型的 R^2（0.988）比准一级动力学模型的 R^2（0.964）大，说明准二级动力学模型可以更好地描述改性废弃砖的吸附除磷过程。如图 8-8（a）所示，随时间的推移，吸附的速率先快速上升，之后吸附速率开始减慢直到达到吸附平衡，吸附速率减慢发生在吸附后期，说明改性废弃砖的吸附是快速吸附与慢速吸附的共同作用，与模型模拟相符，符合准二级动力学的吸附特点。

　　（2）氨氮吸附动力学。由表 8-2 的吸附动力学参数可知，氨氮的准一级动力学模型与准二级动力学模型的 R^2 均大于 0.9，说明改性废弃砖对氨氮的吸附过程并非单一的物理吸附，存在化学吸附。准二级动力学模型的 R^2（0.981）大于准一级动力学模型的 R^2（0.978），说明准二级动力学模型可以更好地描述改性废弃砖的吸附除氨氮过程。如图 8-8（b）所示，随时间的推

表 8-2　　　　　　　　　　　　吸附动力学参数

元素	准一级动力学			准二级动力学		
	q_e/(mg/g)	k_1	R^2	q_e/(mg/g)	k_2	R^2
磷	0.064	0.944	0.964	0.068	23.205	0.988
氨氮	0.371	0.524	0.978	0.416	1.701	0.981

移，吸附的速率先快速上升，之后吸附速率开始减慢直到达到吸附平衡，吸附速率减慢发生在吸附后期，说明改性废弃砖的吸附是快速吸附与慢速吸附的共同作用，与模型模拟相符，符合准二级动力学的吸附特点。

8.3.2　吸附等温线模型及分析

　　称取 1.5g、1mol/L 氢氧化钠改性废弃砖，分别加入 100mL 磷初始浓度

为 0.2mg/L、0.3mg/L、0.4mg/L、0.5mg/L、0.6mg/L、0.8mg/L 和 1.0mg/L，初始氨氮浓度为 1mg/L、2mg/L、3mg/L、4mg/L、5mg/L、6mg/L、8mg/L 的含磷和氨氮废水中，放入恒温振荡培养箱中，设置温度为 25℃、转速为 130r/min 条件下，在 12h 后取样，取上清液经 0.45μm 滤膜过滤，用钼酸铵分光光度法和纳氏试剂光度法测定出废水中磷和氨氮浓度，计算去除率和吸附量，得出结果，绘制吸附量与平衡时污染物浓度图像，并用 Langmuir 模型和 Freundlich 模型进行拟合，如图 8-9 所示。

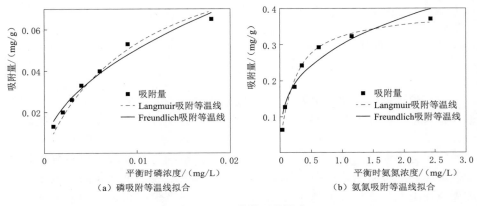

（a）磷吸附等温线拟合　　　　　（b）氨氮吸附等温线拟合

图 8-9　吸附等温线拟合

（1）磷等温吸附。表 8-3 的吸附等温线参数可知，磷的 Langmuir 等温吸附模型和 Freundlich 等温吸附模型的 R^2 均大于 0.9，说明这两种模型都可以在一定程度上描述改性废弃砖的磷吸附过程，即改性废弃砖的吸附过程有单分子层吸附，也有多分子层吸附。由 Langmuir 等温吸附模型的模拟可知改性废弃砖的理论吸附量是 0.096mg/g。k_L 为吸附结合能，k_L 越大则说明填料的吸附能力越强；Freundlich 等温吸附模型中 $1/n$ 可以反映出改性废弃砖对溶液中磷的吸附难易，当 $0.1 < 1/n < 0.5$，表示容易吸附，当 $1/n > 2$ 表示难以吸附，本实验中 $1/n$ 为 0.474，说明改性废弃砖容易吸附溶液中的磷酸盐，是有利吸附。因为 Langmuir 等温吸附模型的 R^2（0.976）大于 Freundlich 等温吸附模型的 R^2（0.968），说明改性废弃砖的吸附过程更倾向于单层均相吸附，有化学吸附的参与，这与准二级吸附动力学的结论相互证实。

（2）氨氮等温吸附。表 8-3 的吸附等温线参数可知，氨氮的 Langmuir 等温吸附模型和 Freundlich 等温吸附模型的 R^2 均大于 0.9，说明这两种模型都可以在一定程度上描述改性废弃砖的氨氮吸附过程，即改性废弃砖的吸附过程有单分子层吸附，也有多分子层吸附。由 Langmuir 等温吸附模型的模拟可知改性废弃砖的最大吸附量是 0.394mg/g。Freundlich 等温吸附模型中，

本实验 $1/n$ 为 0.317，说明改性废弃砖对氨氮吸附为有利吸附。因为 Langmuir 等温吸附模型的 R^2（0.984）大于 Freundlich 等温吸附模型的 R^2（0.935），说明改性废弃砖的吸附过程更倾向于单层均相吸附，有化学吸附的参与，这与准二级吸附动力学的结论相互证实。

表 8 - 3 吸附等温线参数

元素	Langmuir 模型			Freundlich 模型		
	$q_m/(\text{mg/g})$	k_L	R^2	k_F	$1/n$	R^2
磷	0.096	77.63	0.976	0.529	0.474	0.968
氨氮	0.394	4.510	0.984	0.230	0.317	0.935

8.3.3 表面特征分析

扫描电镜表面特征分析结果如图 8 - 10 所示。

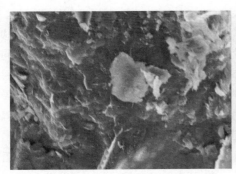 

（a）废弃砖　　　　　　　　　（b）NaOH改性废弃砖

图 8 - 10　未改性废弃砖与 NaOH 改性废弃砖电镜表征

如图 8 - 10 所示，是未改性废弃砖与 1mol/L NaOH 改性后的改性废弃砖在电镜下显示的表面特征。由图 8 - 10 看出，改性前后的废弃砖表面特征有很大变化。由图 8 - 10（a）可以看出，未改性废弃砖的表面比较平坦。由图 8 - 10（b）可以看出，经过 NaOH 改性后的废弃砖表面较粗糙，表面有沟壑，由上述两张图片可以看出，经过 NaOH 改性后的废弃砖表面积明显增加，表面凹凸不平。这是因为碱可以和废弃砖内部的铝氧化物发生化学反应，使铝溶出，降低材料的硅铝比，并且降低 Zeta-电位，疏通孔道，增加了比表面积，达到增强材料的吸附性能效果，从而使改性废弃砖的脱氮除磷率增加。

8.4　本章小结

本章实验通过研究不同改性剂对废弃砖吸附脱氮除磷的影响，筛选出吸附性能较好的改性填料，并对其进行吸附动力学拟合、等温吸附拟合以及扫描电镜表征，得到结果如下。

（1）未改性废弃砖对氨氮和磷的去除效果不明显，当投加量为 1.5g/100mL，继续投加，吸附效果提升不明显，当反应为 12h，未改性废弃砖脱氮除磷效果达到稳态，此时磷去除率为 59.65%、吸附量为 0.040mg/g，氨氮去除率为 54.12%、吸附量为 0.289mg/g。

（2）经过 1.0mol/L 的 NaOH 改性废弃砖，除磷效果最好，去除率为 98.18%，吸附量为 0.065mg/g，此时氨氮的去除效果也最好，去除率为 69.57%，吸附量为 0.371mg/g；经过 1.5mol/L 的 $FeCl_3$ 改性废弃砖，去除氨氮效果最好，去除率为 76.67%，吸附量为 0.409mg/g，此时磷的去除率为 82.54%，吸附量为 0.055mg/g；综上改性废弃砖比较，1.0mol/L NaOH 改性废弃砖脱氮除磷效果最好。

（3）改性废弃砖的除磷吸附过程符合准一级（$R^2=0.964$）和准二级（$R^2=0.988$）动力学、Langmuir 等温吸附（$R^2=0.976$）和 Freundlich 等温吸附（$R^2=0.968$）方程，说明改性废弃砖的除磷过程是物理和化学共同作用，更倾向于单层吸附；改性废弃砖的氨氮吸附过程符合准一级（$R^2=0.978$）和准二级（$R^2=0.981$）动力学、Langmuir 等温吸附（$R^2=0.984$）和 Freundlich 等温吸附（$R^2=0.935$）方程，说明改性废弃砖的去除氨氮过程是物理和化学共同作用，更倾向于单层吸附。

（4）通过扫描电镜表征改性前后废弃砖，可以看出，经过 NaOH 改性后的改性废弃砖比表面积增大，可能是因为碱可以和废弃砖内部的 SiO_2 和铝氧化物发生化学反应，使硅和铝溶出，疏通孔道，增加了比表面积，达到增强材料的吸附性能，从而使改性废弃砖的脱氮除磷率增加。

参考文献

［1］ 汪文飞. 不同填料类型在折流人工湿地系统脱氮除磷效应的影响研究［D］. 兰州：兰州交通大学，2020.

［2］ 石文祥. 低温条件下建筑废弃砖块对水体中磷的吸附特征研究［D］. 南京：南京信息工程大学，2018.

［3］ 濮玥瑶. 改性废弃红砖对径流水体中磷的去除性能研究［D］. 南京：南京信息工程大学，2019.

［4］ 时霞. 基于微氧调控的建筑废料垂直流人工湿地中氮磷迁移转化研究［D］. 济南：山东大学，2018.

［5］ 李瑞兴，袁林江，刘玉洪，等. 不同填料对近海域污染水体中磷的吸附效果研究［J］. 环境工程，2016，34（7）：33-37.

［6］ 陈晋圳，华进程，郑向群，等. 以建筑废砖为填料的人工湿地对农村生活污水的净化效果［J］. 环境工程，2017，35（9）：35 – 39.

［7］ 王振，刘超翔，董健，等. 人工湿地中除磷填料的筛选及其除磷能力［J］. 中国环境科学，2013，33（2）：227 – 233.

［8］ MATEUS D，PINHO H. Evaluation of solid waste stratified mixtures as constructed wetland fillers under different operation modes ［J］. Journal of Cleaner Production，2020，253：119986.

［9］ MARCELINO G R，CARVALHO K Q，LIMA M X，et al. Construction waste as substrate in vertical subsuperficial constructed wetlands treating organic matter，ibuprofenhene，acetaminophen and ethinylestradiol from low – strength synthetic wastewater ［J］. Science of the Total Environment，2020，728：138771.

［10］ LI H，ZHANG Y，WU L，et al. Recycled aggregates from construction and demolition waste as wetland substrates for pollutant removal ［J］. Journal of Cleaner Production，2021，311：127766.

9 粉 煤 灰

9.1 粉煤灰吸附剂的制备

9.1.1 天然粉煤灰吸附剂的制备

粉煤灰中含有较多杂质，在实验开始之前需要对粉煤灰进行去离子水冲洗 3 次后，放入 110℃ 的烘箱中烘干，烘干的粉煤灰留作备用。

9.1.2 改性粉煤灰吸附剂的制备

粉煤灰中含有较多杂质，在实验开始之前需要对粉煤灰进行预处理。用去离子水冲洗 3 次后，放入 110℃ 的烘箱中烘干。在锥形瓶中加入 1g 干燥的粉煤灰，倒入浓度为 0.05%、1.00%、1.50%、2.00%、3.00%、4.00% 和 5.00% 的 $FeCl_3$ 溶液，改性 12h，充分反应后取上清液，在转速 4000r/min 条件下离心 5min。取上清液经过 $0.45\mu m$ 滤膜过滤，测量废水中的剩余磷浓度，并计算改性后粉煤灰的除磷率和吸附量。

图 9-1 为改性剂浓度对粉煤灰除磷效率的影响。由图 9-1 可知，当

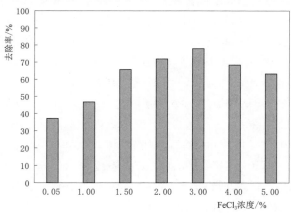

图 9-1 改性剂浓度对粉煤灰除磷效率的影响

FeCl$_3$ 浓度小于 3.00％时，随着 FeCl$_3$ 浓度的增加，改性粉煤灰对磷的去除率逐渐增大。当 FeCl$_3$ 浓度为 3.00％时，改性粉煤灰对磷酸盐的去除率达到 77.77％。当 FeCl$_3$ 浓度继续增大，去除率降低。后续实验中采用浓度为 3.00％的 FeCl$_3$ 溶液改性的粉煤灰。

9.2 天然粉煤灰除磷影响因素研究

9.2.1 磷初始浓度对天然粉煤灰的影响

分别配制浓度为 10mg/L、20mg/L、30mg/L、40mg/L 和 50mg/L 的含磷废水各 100mL，将 1g 的天然粉煤灰加入锥形瓶中，在转速 180r/min 条件下反应 9h。充分反应后取上清液，在转速 4000r/min 条件下离心 5min。取上清液经过 0.45μm 滤膜过滤测定不同反应条件下的粉煤灰去除率和吸附量。

废水的初始含磷浓度对天然粉煤灰的除磷效率的影响如图 9-2 所示。天然粉煤灰除磷的效率随废水中磷的含量的增加而减少，在初始磷含量为 10mg/L 时，磷的去除率最高为 38.7％，但此时的吸附量只有 0.387mg/g。天然粉煤灰的吸附量随着磷的初始浓度变化的幅度较大，但是在磷初始浓度大于 30mg/L 时吸附量几乎不变，是因为粉煤灰已经趋于饱和状态而不能继续吸附磷。后续实验中选用 30mg/L 作为最佳初始磷含量，此时的去除率为 35.2％，吸附量为 1.056mg/g。

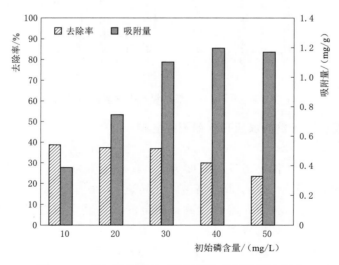

图 9-2 磷初始浓度对天然粉煤灰吸附效果的影响

9.2.2 pH 值对天然粉煤灰吸附效果的影响

取多份 1g 粉煤灰，加入到 100mL 含磷量为 30mg/L 的溶液中，调节各个溶液中 pH 值为 1~11。在 180r/min 条件下反应 9h。充分反应后取上清液，在转速 4000r/min 条件下离心 5min。取上清液经过 0.45μm 滤膜过滤后，用钼酸铵分光光度法测定溶液中的剩余磷含量，并计算天然粉煤灰对磷的去除率及吸附量。

如图 9-3 所示，天然粉煤灰的除磷效率随 pH 值的增大而增加，在 pH=10 时，天然粉煤灰对磷的去除率最高可以达到 36.1%，吸附量为 1.083mg/g。当 pH=11 时，天然粉煤灰对磷的去除率为 36.02%，因此选择 pH=10 作为天然沸石的最佳反应 pH 值。粉煤灰本身呈碱性，碱性条件下 SiO_2 与碱发生反应生成溶胶，且表面的金属氧化物表面羟基增加，增加了粉煤灰表面极性。使粉煤灰的比表面积增大，同时提高了天然粉煤灰的吸附量。

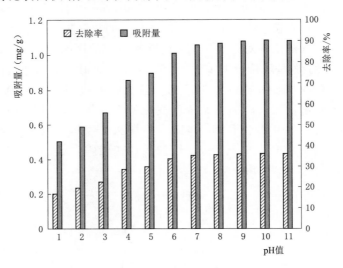

图 9-3　pH 值对天然粉煤灰吸附效果的影响

9.2.3　投加量对天然粉煤灰吸附效果的影响

分别取 0.5g、1.0g、2.0g、3.0g、4.0g 和 5.0g 天然粉煤灰加入含磷量为 30mg/L 的含磷溶液中，反应温度为 25℃、pH 值为 10，在转速 180r/min 条件下反应 9h，充分反应后取上清液，在转速 4000r/min 条件下离心 5min 3 次。取上清液经过 0.45μm 滤膜过滤，测定废水中剩余磷含量，并计算出磷的去除率和粉煤灰对磷的吸附量。

如图 9-4 所示，随着天然粉煤灰投加量的增加，增加粉煤灰的投加量可以提高其对磷的去除率，投加量大于 4.0g/100mL 时，除磷效率增加缓慢。因为粉煤灰粒径很小，投加量过高时会导致溶液体系中密度过大，减少粉煤灰与含磷废水的接触面积。当粉煤灰的投加量为 0.5g/100mL 时，吸附量最大为 1.16mg/g，投加量大于 1.0g/100mL 时，吸附量随着粉煤灰投加量的增加而降低。过多的吸附剂会造成资源浪费。在粉煤灰投加量为 1.0g/100mL 时，吸附量为 1.056mg/g，除磷效率为 36.2%，后续实验中选取 1.0g/100mL 粉煤灰为最佳的投加量。

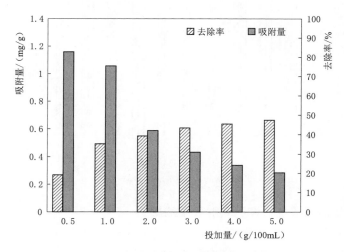

图 9-4 投加量对天然粉煤灰吸附效果的影响

9.3 改性粉煤灰除磷影响因素研究

9.3.1 pH 值对改性粉煤灰吸附效果的影响

称取 1g 改性粉煤灰置于 250mL 锥形瓶中，倒入 100mL 浓度为 30mg/L 的含磷废水，在 25℃条件下调节溶液 pH 值为 1、2、3、4、5、6、7、8、9 和 10，反应 5h 后，充分反应后取上清液，在转速 4000r/min 条件下离心 5min。取上清液经过 0.45μm 滤膜过滤，测定废水中剩余磷的含量，并计算出磷的去除率和粉煤灰对磷的吸附量。

如图 9-5 所示，当废水中初始 pH 值小于 6 时，随着 pH 值的增加，改性粉煤灰的吸附量和对磷的去除率都有所增加。在碱性条件下不利于反应进行。与天然粉煤灰不同，天然粉煤灰在碱性条件下除磷效率提高，是因为天然粉煤灰呈碱性，而经过 $FeCl_3$ 改性后的粉煤灰，存在很多的 Fe^{3+}，Fe^{3+} 在碱性条件下与 OH^- 发生反应，使改性粉煤灰的有效吸附位点减少，从而使改性粉煤灰对磷的去除效果降低。后续实验中将选用最佳 pH=6，此时磷的去除率为 77.97%，吸附量为 2.24mg/g。

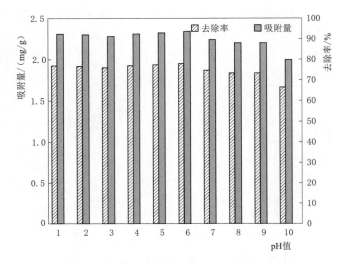

图 9-5　pH 值对改性粉煤灰除磷效果的影响

9.3.2　投加量对改性粉煤灰吸附效果的影响

　　配制多个 100mL 含磷量为 30mg/L 的溶液，分别向溶液中加入 0.5g、0.8g、1.0g、2.0g、3.0g、4.0g 和 5.0g 改性粉煤灰，在温度为 25℃、pH＝6、转速为 180r/min 条件下反应 5h。充分反应后取上清液，在转速 4000r/min 条件下离心 5min 3 次。取上清液经过 0.45μm 滤膜过滤，测量废水中的剩余磷含量，并计算出磷的去除率和粉煤灰对磷的吸附量。

　　图 9-6 表示了粉煤灰投加量对吸附效果的影响。由图 9-6 可知，在改性

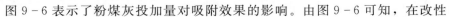

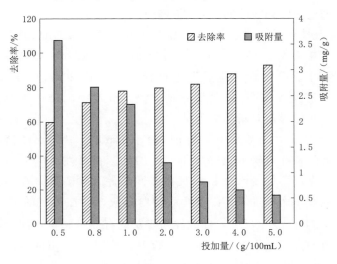

图 9-6　粉煤灰投加量对吸附效果的影响

粉煤灰投加量为 1.0g/100mL 时，改性粉煤灰对磷的去除率达到 77.97%，吸附量为 2.339mg/g。随着粉煤灰投加量的增加，除磷效率逐渐增加，最高达到 92.7%。但由于吸附剂质量的增加，吸附量不断降低。当粉煤灰投加量为 5.0g/100mL 时，吸附量仅为 0.5862mg/g，而该实验过程中吸附量最大为 3.582mg/g。说明改性粉煤灰的投加量对吸附量影响很大。

9.4　机理分析

9.4.1　改性粉煤灰的吸附动力学曲线

（1）不同温度下的吸附动力学曲线。称取 1g 经 3‰ $FeCl_3$ 改性的粉煤灰于 250mL 的锥形瓶中，在温度为 10℃、25℃、45℃ 条件下，配制初始浓度为 30mg/L 的磷酸盐溶液，在转速 180r/min 的恒温振荡箱中反应，在反应时间为 5min、10min、30min、60min、90min、180min、240min 时迅速取上清液，上清液经过离心、过滤后，测定其中磷含量的变化，并计算出磷的去除率和粉煤灰对磷的吸附量。

图 9-7 表示在不同温度下，初始磷浓度为 30mg/L 时，改性粉煤灰对磷的吸附量和去除率随时间的变化曲线。由图 9-7 可知，当反应温度为 45℃ 时，吸附动力学曲线较陡，说明温度提高，可以提高改性粉煤灰的吸附速率。随着温度的增加，改性粉煤灰的吸附量和对磷的去除率逐渐增加，当温度从 10℃ 升到 45℃ 时，吸附量达到了 2.834mg/g，去除率为 94.46%，说明温度对吸附过程的影响较大。

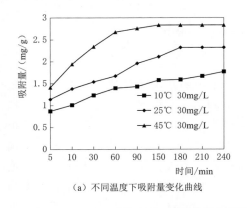

（a）不同温度下吸附量变化曲线

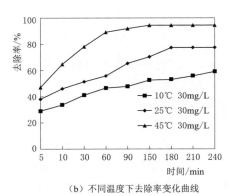

（b）不同温度下去除率变化曲线

图 9-7　改性粉煤灰不同温度下吸附动力学曲线

（2）不同浓度下的吸附动力学曲线。称取 1g 经 3‰ $FeCl_3$ 改性的粉煤灰于 250mL 的锥形瓶中，在温度为 25℃ 条件下，分别配制初始浓度为 20mg/L、

30mg/L 和 50mg/L 的磷酸盐溶液，在转速 180r/min 的恒温振荡箱中反应，在反应时间为 5min、10min、30min、60min、90min、180min 和 240min 时迅速取上清液，上清液经过离心、过滤后，测定其中磷含量的变化，并绘制吸附准一级、准二级吸附动力学曲线。

图 9-8 表示不同初始浓度下，改性粉煤灰的吸附量和去除率随时间的变化曲线。温度不变，随着初始磷含量的增加，平衡吸附量越来越高。由图 9-8 可知，初始浓度的增加可以加快吸附速率。但是在初始磷含量为 20mg/L 和 30mg/L 时，吸附平衡时改性粉煤灰对磷的去除率几乎相同，但在 50mg/L 时，去除率变化较大，明显低于低浓度下的处理效果。说明沸石经过改性后仍然不能处理高浓度含磷废水。由图 9-8 可知，在初始浓度分别为 20mg/L、30mg/L 和 50mg/L 时，对应的理论平衡吸附量分别为 1.55mg/g、2.32mg/g 和 2.604mg/g。

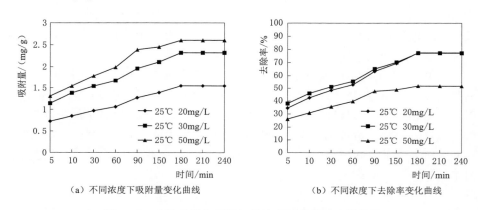

（a）不同浓度下吸附量变化曲线　　　（b）不同浓度下去除率变化曲线

图 9-8　改性粉煤灰不同初始浓度下吸附动力学曲线

9.4.2　改性粉煤灰的吸附动力学拟合

吸附动力学用来描述反应时间和处理水中剩余磷的含量之间的关系，改性粉煤灰的吸附动力学拟合方程如图 9-9 和图 9-10 所示。表 9-1 表示了拟合过程中的拟合参数，很显然改性粉煤灰的吸附过程与准一级反应动力学拟合的误差很大，而与准二级反应动力学中的显著性 $R^2 > 0.98$，可以很好地描述反应过程中的动力学关系。随着时间的增长，改性粉煤灰的去除率逐渐增加，直至达到平衡。由二级反应动力学可知，在温度为 25℃、初始浓度为 30mg/L 条件下的理论最大平衡量为 2.35mg/g。随着温度的升高，准二级反应动力学模拟出的理论吸附量逐渐增加，说明提高温度对该吸附过程存在促进作用。

表 9-1 改性粉煤灰的动力学方程拟合系数

反应条件		准一级反应动力学模型			准二级反应动力学模型		
		q_e/(mg/g)	k_1	R^2	q_e/(mg/g)	k_2	R^2
温度/℃	10	0.77	0.0096	0.9489	1.75	2.06	0.9871
	25	1.14	0.0115	0.9058	2.35	0.96	0.9865
	45	1.15	0.0105	0.8729	2.83	0.42	0.991
磷的初始浓度/(mg/L)	20	1.2	0.0111	0.9827	1.58	3.94	0.9806
	30	1.14	0.0115	0.9058	2.35	0.96	0.9865
	50	1.79	0.0187	0.9393	2.75	0.506	0.9929

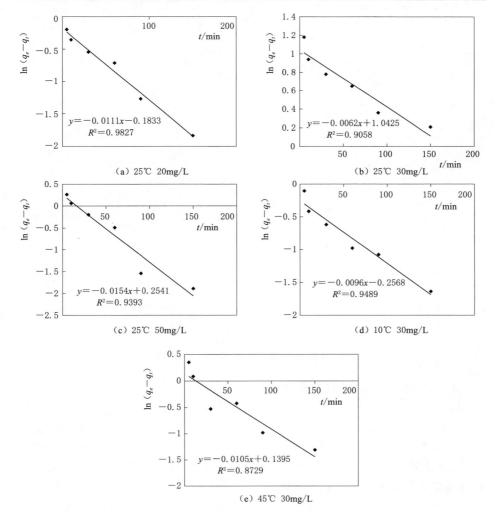

图 9-9 改性粉煤灰不同条件下准一级动力学方程

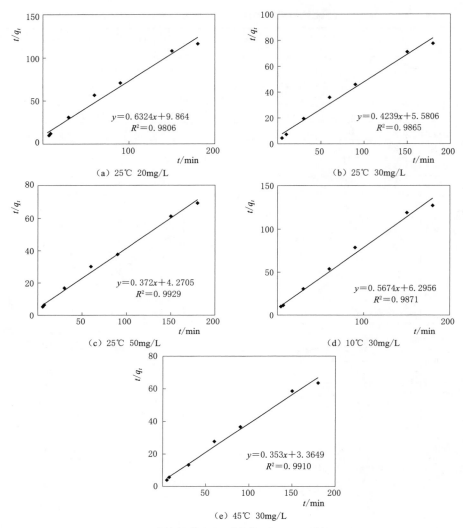

图 9-10　改性粉煤灰不同条件下准二级动力学方程

9.4.3　改性粉煤灰的吸附等温线研究

　　分别取 1g 改性粉煤灰加入含磷量分别为 10mg/L、20mg/L、30mg/L、40mg/L 和 50mg/L 的含磷溶液中，在温度为 25℃、转速为 180r/min 条件下，恒温反应 5h，取上清液在转速 4000r/min 条件下离心 5min，经过 0.45μm 滤膜过滤，用钼酸铵分光光度法测定废水中剩余磷的含量，并计算出改性粉煤灰的吸附量和对磷的去除率。

　　如图 9-11 所示，随着废水初始含磷量的增加，改性粉煤灰的吸附量不断增加，在初始含磷浓度为 10mg/L 时，吸附平衡时废水中剩余磷含量为

2.9mg/L，改性粉煤灰对磷的吸附量为 0.71mg/g，对磷的去除率为 71%。当初始含磷浓度为 50mg/L 时，改性粉煤灰的吸附量为 2.604mg/g，改性粉煤灰对磷的去除率为 52.08%。但废水中磷的去除率随着初始含磷量的增加先增加后减少，是因为粉煤灰的吸附量较小，水中含磷浓度过大时，多余的磷无法被改性粉煤灰吸附，导致出水含磷量过高。与未改性的粉煤灰相比，改性后的粉煤灰的吸附量虽然有所增加，但是对高浓度含磷废水的处理效果仍然不理想。在本实验中，改性粉煤灰最适宜处理的含磷废水浓度为 30mg/L 以下。

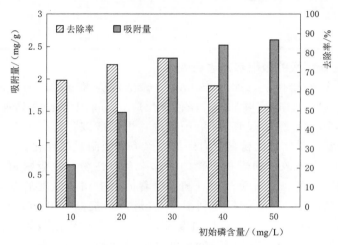

图 9-11 改性粉煤灰的等温吸附

9.4.4 改性粉煤灰的等温吸附拟合

图 9-12（a）和图 9-12（b）是改性粉煤灰的吸附等温线，表示在 25℃下，吸附平衡时改性粉煤灰的吸附量与平衡浓度之间的关系。

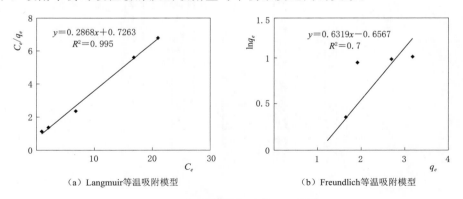

（a）Langmuir等温吸附模型 （b）Freundlich等温吸附模型

图 9-12 改性粉煤灰的等温吸附模型

结合表 9-2 可知，改性粉煤灰的等温吸附模型与 Langmuir 相关系数达到 $R^2=0.995$，说明改性粉煤灰的吸附过程符合 Langmuir 吸附等温模型，表明该反应并为单分子层吸附。改性后粉煤灰的理论最大吸附量 3.48mg/g，比天然粉煤灰的吸附量有很大的提高。$1/n$ 的值为 $0.6319<1$，说明该吸附反应容易进行。

表 9-2   改性粉煤灰除磷的等温吸附方程拟合参数

Langmuir 模型					Freunlich 模型			
线性回归方程	q_m	k_L	R^2	R_L	线性回归方程	$1/n$	k_F	R^2
$C_e/q_e=0.2868C_e+0.7263$	3.48	0.11	0.995	0.14	$\ln q_e=0.4206\ln C_e-0.159$	0.6319	1.01	0.7

9.4.5 改性粉煤灰的吸附热力学研究

称取 1g 改性粉煤灰，加入 100mL 含磷浓度为 30mg/L 的溶液中，置于 10℃、25℃、35℃、45℃和 55℃，条件下反应 5h。取上清液在转速 4000r/min 条件下离心 5min，经过 0.45μm 滤膜过滤，用钼酸铵分光光度法测定废水中剩余磷的浓度，并且对比粉煤灰对磷的去除率和吸附量的变化。

图 9-13 表示改性粉煤灰对磷的去除率及改性粉煤灰吸附量与溶液中初始温度之间的关系。由图 9-13 可知，随着体系中初始温度的升高，改性粉煤灰的吸附量从 2.35mg/g 提高到了 3.30mg/g，提高了 0.95mg/g。除磷效率从 59.0% 提高到 96.0%，可见温度对改性粉煤灰的吸附效果的促进作用较为明显。温度升高，体系的混乱度增加，使改性粉煤灰与废水中磷酸盐的接触几率增加，提高磷的去除率。

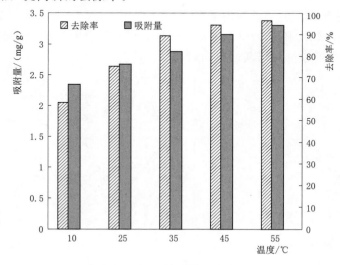

图 9-13 改性粉煤灰的吸附热力学

9.4.6 改性粉煤灰的吸附热力学拟合

25℃条件下改性粉煤灰的吸附热力学模型如图9-14所示，显著性大于0.98，表明该反应过程可以与热力学方程很好的拟合。表9-3中的吸附热力学拟合参数表明，粉煤灰对磷的吸附过程中，温度升高有利于反应进行；吉布斯函数的值可以表示吸附过程中的推动力，随着温度的升高，ΔG 的绝对值也随之增大，表明温度高可以增强反应的推动力。吉布斯函数绝对值小于20kJ/mol，说明吸附过程中物理吸附为主。

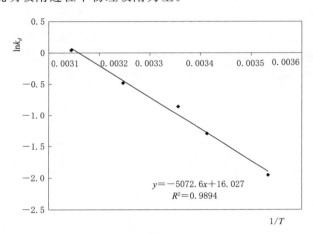

$$y = -5072.6x + 16.027$$
$$R^2 = 0.9894$$

图9-14 改性粉煤灰吸附热力学模型

表9-3 改性粉煤灰吸附热力学模型拟合参数

T/K	k_d	$\Delta G/(kJ/mol)$	$\Delta H/(kJ/mol)$	$\Delta S/[J/(mol \cdot K)]$
283.15	0.14	-7.91		
293.15	0.27	-8.04		
298.15	0.42	-8.10	41.76	132.45
308.15	0.61	-8.24		
318.15	1.05	-8.37		

9.5 本章小结

本章研究采用氯化铁对天然粉煤灰进行改性，并研究改性前后各因素对吸附效果的影响，研究结果如下。

（1）粉煤灰的吸附过程中，在废水中初始磷含量为30mg/L时，吸附效果最佳，去除率为36.1%，改性后粉煤灰在废水中初始磷含量为30mg/L时，除磷效率为 77.77%，对高浓度废水的处理效果仍不理想。

（2）天然粉煤灰的最佳 pH 值为 10，改性后粉煤灰的最佳 pH 值为 6，改性粉煤灰在 pH 值为 1～10 范围内，除磷效率均大于 70%，说明改性后的粉煤灰实用性更高。

（3）改性前后粉煤灰的最佳投加量都在 1.0g/100mL 左右，粉煤灰粒径很细，关于其粒径对实验产生的影响不做研究，说明粉煤灰进行改性后的单位吸附量增加并不明显，主要靠物理吸附。

（4）粉煤灰进行改性后，可以与准二级吸附动力学很好的拟合，磷的吸附量随时间的推进而增加，与 Langmuir 等温吸附模型的相关系数 $R^2 = 0.995$，改性粉煤灰的理论最大吸附量为 3.48mg/g；与吸附动力学方程的拟合说明改性粉煤灰的吸附过程是自发的吸附反应，主要是物理吸附。

10 蛋 壳

10.1 蛋壳吸附剂的制备

10.1.1 天然蛋壳吸附剂的制备

将废弃蛋壳去除内膜后，用蒸馏水冲洗 3 次于 105℃ 条件下烘干、研磨，过 80 目筛，留作备用。

10.1.2 改性蛋壳吸附剂的制备

将废弃蛋壳洗净后去除内膜，于 105℃ 条件下烘干、研磨，过 80 目筛，留作备用。称取 1g 处理好的蛋壳粉，分别加入到 100mL 浓度为 0.05%、0.10%、0.30%、0.50% 和 1.00% 的 $FeCl_3$ 溶液中，在 25℃ 条件下恒温振荡 12h，进行充分接触反应改性，将蛋壳粉用蒸馏水清洗并在转速 4000r/min 条件下离心 5min 3 次，在 105℃ 条件下烘干得到改性蛋壳粉。蛋壳粉以 $FeCl_3$ 溶液浓度为 0% 时做空白实验。将改性后的蛋壳粉在温度为 25℃、初始磷浓度为 50mg/L 条件下进行吸附反应 12h，反应后的上清液先经过离心处理，然后经过 $0.45\mu m$ 滤膜过滤，测定废水中剩余磷浓度。

铁盐改性有两种方式，一种直接采用含有铁盐的溶液浸泡吸附剂，另一种是在铁盐溶液浸泡之前，向溶液中加入钠盐柱，用来调节 pH 值并减少水力冲击。后续实验中采用第一种方法进行改性。经过 $FeCl_3$ 改性后的鸡蛋壳成红褐色，颜色随 $FeCl_3$ 浓度的增加而逐渐加深。改性剂浓度对除磷的效果影响如图 10-1 所示。

空白实验即蛋壳未进行改性时，蛋壳对废水中磷的去除率为 33.09%。当改性剂 $FeCl_3$ 溶液浓度提升至为 0.3% 时，改性效果最好，磷的去除率达到最高为 90.91%，远远高于未改性蛋壳的去除率。随着改性剂 $FeCl_3$ 浓度的继续

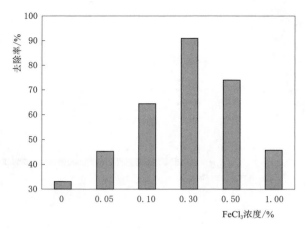

图 10-1　改性剂浓度对磷去除率的影响

增加，磷的去除率逐渐降低，因此后续实验中将会选择 FeCl₃ 浓度为 0.3％时改性的蛋壳进行研究。

10.2　天然蛋壳吸附除磷性能研究

10.2.1　含磷废水初始浓度对天然蛋壳吸附除磷的影响

在 250mL 锥形瓶中加入 1g 天然蛋壳和不同浓度的含磷废水 100mL，其中初始磷浓度设置为 10mg/L、20mg/L、35mg/L 和 50mg/L。在温度为 25℃、转速为 180r/min 条件下，恒温振荡 12h。充分反应后取上清液，在转速 4000r/min 条件下离心 5min。取上清液经过 0.45μm 滤膜过滤，取适量溶液用测定蛋壳的吸附量，并绘制吸附性能曲线。

废水中磷的初始浓度为 10mg/L、20mg/L、35mg/L 和 50mg/L 时，天然蛋壳的吸附量及吸附除磷过程的去除率的变化曲线如图 10-2 所示。当废水中的含磷初始浓度从 10mg/L 提高到 50mg/L 时，天然蛋壳的平衡吸附量和除磷效率均有不同程度的提高。由图 10-2 可知，磷的初始浓度的变化对天然蛋壳的吸附量影响较大，吸附量从 0.205mg/g 提高到 1.65mg/g，提高了近 87％。磷的去除率随着含磷浓度的增加稍有增加，在初始磷浓度为 10mg/L 时，去除率为 20.50％。在初始含磷浓度为 50mg/L 时，仅仅达到 33.00％。同时，由于蛋壳中含有少量的磷，若体系中的磷浓度过低，天然蛋壳可能会向体系中解析出少量磷。

10.2.2　pH 值对天然蛋壳吸附除磷的影响

取若干份 1g 天然蛋壳粉置于 250mL 锥形瓶中，加入到 100mL 初始浓度

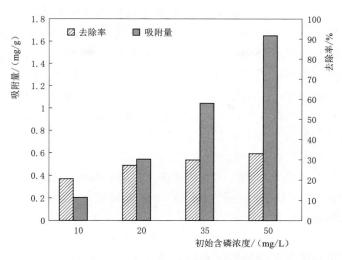

图 10-2　含磷废水初始浓度对天然蛋壳吸附除磷的效果影响

为 50mg/L 的含磷废水中，分别调节锥形瓶中 pH 值为 2、3、4、5、6、7、8、9、10、11、12 和 13，置于恒温振荡箱中，设置温度为 25℃、转速为 180r/min 条件下，反应 12h 后取上清液，在转速 4000r/min 条件下离心 5min。取上清液经过 0.45μm 滤膜过滤，用钼酸铵分光光度法测定对应的吸附量和去除率。

　　体系中初始 pH 值对天然蛋壳除磷的效果影响如图 10-3 所示。由图 10-3 可以看出溶液的初始 pH 值对天然蛋壳的吸附性能影响很大。当溶液体系处

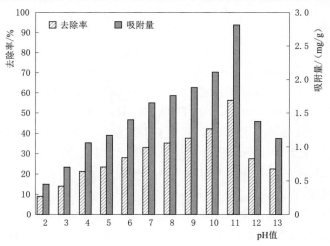

图 10-3　pH 值对天然蛋壳吸附性能的影响

于酸性条件下，天然蛋壳对磷的去除率和平衡吸附量均随着 pH 值的增加而增加。当 pH<6 时，可见体系中对磷的去除率很低，主要时因为蛋壳的主要构成为 $CaCO_3$，而强酸性条件下，天然蛋壳中的 $CaCO_3$ 与强酸发生反应，生成 CO_2，反应时溶液中有气泡溢出可以验证该观点。随着 pH 值的增加，酸性减弱，天然蛋壳中的 $CaCO_3$ 停止溶解，并逐渐开始吸附污水中的 PO_4^{2-} 离子。在 pH=11 的强碱性条件下，天然蛋壳的除磷效率和吸附量均达到最大，说明天然蛋壳在碱性条件下更有利于吸附反应进行，可能是由于碱性条件下，溶液体系中的羟基增多，可以使 Ca^{2+} 更加容易与 PO_4^{2-} 发生反应生成羟基磷酸钙沉淀，从而提高天然蛋壳的除磷效率。羟基磷酸钙生成的反应如式（10-1）所示。但是当 pH 值继续增大时，除磷的效果降低，因此使用天然蛋壳除磷时需要控制好反应的 pH 值。

$$5Ca^{2+} + 7OH^- + 3H_2PO_4 \longrightarrow Ca_5OH(PO_4)_3 \downarrow + 6H_2O \qquad (10-1)$$

10.2.3 粒径对天然蛋壳吸附除磷的影响

吸附剂的粒径大小会对吸附除磷的效果产生影响，实验过程中采用标准筛对吸附剂的粒径进行筛选，标准筛目数与标准筛孔径对照表见表 10-1。

表 10-1　　　　　　　　标准筛目数与孔径对照表

粒径/目	孔　径/mm	孔　径/μm
5	4.000	4000
10	1.700	1700
20	8.300	830
50	2.700	270
80	1.800	180
100	1.500	150
140	0.106	1060
200	0.075	750

取若干份 1g 不同粒径的天然蛋壳，放于 250mL 锥形瓶中，吸附剂的粒径选取 10 目、20 目、50 目、80 目和 100 目，加入到 100mL 初始浓度为 50mg/L 的含磷废水中，调节锥形瓶中 pH 值为 11，置于恒温振荡箱中，在温度为 25℃、转速为 180r/min 条件下，反应 12h 后取上清液，在转速 4000r/min 条件下离心 5min。取上清液经过 0.45μm 滤膜过滤，用钼酸铵分光光度法测定对应的吸附量和去除率。

图 10-4 反映了天然蛋壳在粒径为 10~100 目的变化范围内对吸附除磷的效果影响。结果表明，随着目数的增加即天然蛋壳的孔径的减小，去除效率和平衡吸附量均有小幅度的增加。随着天然蛋壳孔径的减少，则蛋壳粉与水中磷的接触面积变大即增加了蛋壳的比表面积，从而可以增强吸附性能。由

于天然蛋壳主要是依据自身的 $CaCO_3$ 与 PO_4^{2-} 反应生成沉淀而从体系中去除，所以孔径的增加对天然蛋壳吸附性能影响很小。

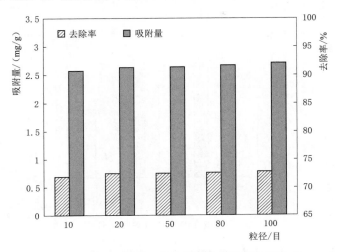

图 10-4　天然蛋壳的粒径对除磷性能的影响

10.2.4　投加量对天然蛋壳吸附除磷的影响

　　称取 0.5g、1.0g、1.5g、2.0g 和 3.0g 粒径过 80 目筛的天然蛋壳，置于 250mL 锥形瓶中，加入到 100mL 初始浓度为 50mg/L 的含磷废水中，调节锥形瓶中 pH 值为 11，置于恒温振荡箱中，在温度为 25℃、转速为 180r/min 条件下，反应 12h 后取上清液，在转速 4000r/min 条件下离心 5min。取上清液经过 0.45μm 滤膜过滤，用钼酸铵分光光度法测定对应的吸附量和去除率。

　　由图 10-5 可知，天然蛋壳的投加量与除磷效率成正比，与其平衡吸附量成反比，天然蛋壳的投加量越高，单位质量蛋壳吸附 PO_4^{2-} 的质量越低。当天然蛋壳的投加量从 0.5g/100mL 增加到 3.0g/100mL 时。吸附量从 3.024mg/g 降低到 1.178mg/g。因此，过量的天然蛋壳投加量是在其表面形成掩蔽作用而造成吸附剂的浪费，当吸附剂投加量过小时，可能会造成水体中的除磷不完全，后续实验中选用的天然蛋壳投加量为 1.0g/100mL。

10.3　改性蛋壳吸附除磷性能研究

10.3.1　pH 值对改性蛋壳吸附除磷的影响

　　取若干份 1g 改性后的蛋壳粉置于 250mL 锥形瓶中，加入到 100mL 初始浓度为 50mg/L 的含磷废水中，分别调节锥形瓶中 pH 值为 2、3、4、5、6、7、8、9、10 和 11，置于恒温振荡箱中，设置温度为 25℃、转速为 180r/min，

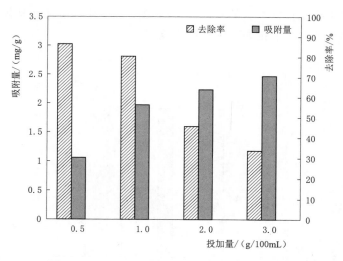

图 10-5　天然蛋壳的投加量对吸附性能的影响

反应 12h 后取上清液，在转速 4000r/min 条件下离心 5min。取上清液经过 0.45μm 滤膜过滤，用钼酸铵分光光度法测定平衡时废水中磷浓度，计算出对应的吸附量和去除率。

不同 pH 值下，改性蛋壳对磷的平衡吸附量及去除率如图 10-6 所示。由图 10-6 可知，改性蛋壳对磷的去除率及吸附量在强酸性条件下吸附的效果都很差。并且反应过程中溶液成红色，是由于在酸性很强的条件下，改性蛋壳的结构被破坏，导致蛋壳上的 Fe^{3+} 溶出。当 pH 值增加时，改性蛋壳的去

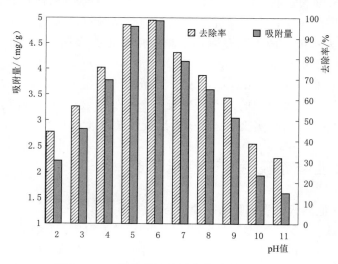

图 10-6　pH 值对改性蛋壳除磷的效果影响

除率及吸附量逐渐增加。因为在弱酸性条件下，改性蛋壳表面的 H^+ 含量增加，与 PO_4^{3-} 有异性相吸的作用，同时体系中的溶解性 Ca^{2+} 含量多，很容易与 PO_4^{3-} 产生沉淀而去除。当溶液中 pH 值继续增加到 $6\sim11$ 时，改性蛋壳的平衡吸附量由 4.94mg/g 降低到 1.6mg/g，磷的去除率从 98.83% 降低到 32.01%，说明在改性蛋壳吸附除磷的过程中，碱性条件下不利于改性蛋壳除磷反应进行。对比图 10-3 可知，蛋壳改性前后对 pH 值的耐受范围有所改变。天然蛋壳在碱性条件 pH 值为 11 时，吸附效率达到最高。在碱性条件下，体系中 OH^- 增多，羟基会与改性蛋壳表面的 Fe^{3+} 产生 $Fe(OH)_3$ 沉淀而占据蛋壳上有效的吸附位点，同 PO_4^{3-} 形成竞争，并且改性蛋壳表面吸附的羟基与 PO_4^{3-} 同带负电，产生排斥作用。因此，溶液的初始 pH 值对吸附效果产生较大的影响。

10.3.2 粒径对改性蛋壳吸附除磷的影响

取若干份 1g 改性后不同粒径的蛋壳置于 250mL 锥形瓶中，吸附剂的粒径选取 10 目、20 目、50 目、80 目和 100 目，加入到 100mL 初始浓度为 50mg/L 的含磷废水中，调节锥形瓶中 pH 值为 6，置于恒温振荡箱中，在温度为 25℃、转速为 180r/min 条件下，反应 12h 后取上清液，在转速 4000r/min 条件下离心 5min。取上清液经过 $0.45\mu m$ 滤膜过滤，用钼酸铵分光光度法测定出水含磷浓度，并计算对应的吸附量和去除率。

图 10-7 表示不同的改性蛋壳的粒径对除磷的效果影响。由图 10-7 可看出，随着粒径的减小，改性蛋壳的比表面积增大，改性蛋壳的去除率和平衡吸附量在粒径为 $10\sim80$ 目时会增强。当粒径为 80 目时，吸附量最高为 4.94mg/g，去除率为 98.83%。当粒径继续增加为 100 目时吸附作用又减少，

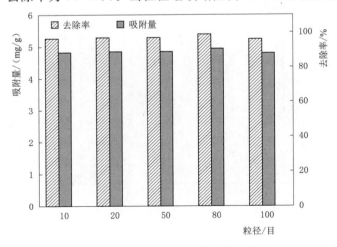

图 10-7 改性蛋壳粒径对除磷的效果影响

去除率为 96.05%。是由于孔径过小时会产生体系内部的堆积，并且过细的吸附剂很难与上清液分离，另一种程度上增加了处理水的浊度。在整个粒径的变化过程中，改性蛋壳吸附除磷的效果变化甚微，鸡蛋壳除磷的效果在 10～100 目范围内受粒径影响不大。

10.3.3　投加量对改性蛋壳吸附除磷的影响

称取 0.5g、1.0g、1.5g、2.0g 和 2.5g 粒径过 80 目筛的改性蛋壳，置于 250mL 锥形瓶中，加入到 100mL 初始浓度为 50mg/L 的含磷废水中，调节锥形瓶中 pH 值为 6，置于恒温振荡箱中，设置温度为 25℃、转速为 180r/min 条件下，反应 12h 后取上清液，在转速 4000r/min 条件下离心 5min。取上清液经过 0.45μm 滤膜过滤，用钼酸铵分光光度法测定对应的吸附量和去除率。

吸附剂的投加量是影响吸附效果的一项重要因素，改性蛋壳投加量对吸附除磷的效果影响如图 10-8 所示。随着改性蛋壳投加量的增加，其对磷的去除率从 66.83% 提高到 99.41%，去除率有大幅度的提升，之后便趋于稳定。主要是因为蛋壳量的增加为废水中的磷酸盐提供了更多的吸附位点，从而提高除磷效率，但由于体系中的磷酸盐浓度有限，除磷效率无法继续提高。而改性沸石的平衡吸附量从 6.683mg/g 下降到 1.988mg/g，发生了大幅度的降低。增加改性蛋壳的投加量对除磷的效果影响很大。增加改性蛋壳的投加量，相当于提高体系中的固液比，液体浓度一定，没有更多的磷可以进行吸附时，吸附量便开始下降。若继续增加固液比，可能会导致蛋壳向溶液中解析磷，造成二次污染。因此在实验中改性蛋壳的投加量选择 1.0g/100mL，以免造成浪费。

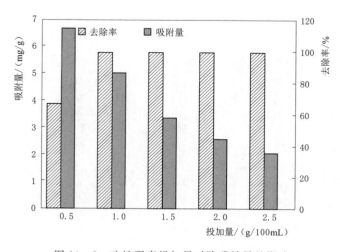

图 10-8　改性蛋壳投加量对除磷效果的影响

10.4 机理分析

10.4.1 改性蛋壳的吸附动力学曲线

10.4.1.1 不同温度下的吸附动力学曲线

取 1g 改性蛋壳于 250mL 锥形瓶中，分别加入到 100mL 磷初始浓度为 50mg/L 的 KH_2PO_4 溶液中，在温度为 10℃、25℃ 和 45℃ 条件下，转速 180r/min 的恒温振荡并于 1h、2h、3h、4h、5h、6h、7h、8h、9h、10h、11h、12h 和 13h 迅速取上清液，经过转速 4500r/min 条件下离心 5min 后，上清液经过 $0.45\mu m$ 滤膜过滤，用钼酸铵分光光度法测定溶液中的磷浓度，并绘制吸附量随时间的变化曲线。

$FeCl_3$ 改性蛋壳在 10℃、25℃ 和 45℃ 条件下的吸附平衡曲线如图 10-9 所示。由图 10-9 可知，随着溶液温度的增加，改性蛋壳的吸附量有小幅度的增加，如图 10-9 （a）所示，在温度从 10℃ 提高到 45℃ 条件下，从 4.6300mg/g 提高到 4.9565mg/g。当溶液体系中反应温度为 10℃ 时，吸附在 12h 后达到平衡；45℃ 时，吸附平衡时间为 7h，比 10℃ 时提前 5h 达到吸附平衡状态，表明温度的提高可以减少吸附平衡时间，提高吸附效率，这与下面吸附热力学方程中温度提高有利于反应进行的研究结果一致。溶液体系中温度提高，改性蛋壳的孔隙度增加从而使改性蛋壳的比表面积增加。同时，温度的增加，溶液中 PO_4^{3-} 动能增大，碰撞吸附概率增大。由图 10-9 可知，温度越高吸附越快，但缓慢达到平衡；低温度下，吸附速度缓慢，平衡缓慢。

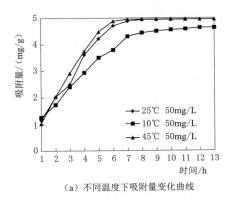
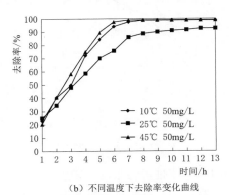

（a）不同温度下吸附量变化曲线　　　　（b）不同温度下去除率变化曲线

图 10-9　不同温度下改性蛋壳除磷的吸附平衡曲线

10.4.1.2 不同含磷初始浓度下的吸附动力学曲线

取 1g 改性蛋壳于 250mL 锥形瓶中，分别加入到 100mL 磷初始浓度为

20mg/L、35mg/L、50mg/L 的 KH_2PO_4 溶液中，在 25℃条件下，180r/min 恒温振荡并于 1h、2h、3h、4h、5h、6h、7h、8h、9h、10h、11h、12h 和 13h 迅速取上清液，经过 4500r/min 离心 5min 后，上清液经过 $0.45\mu m$ 滤膜过滤，用钼酸铵分光光度法测定溶液中的磷浓度，并绘制吸附量随时间的变化曲线。

图 10-10 表示废水中初始含磷浓度在 25℃下对改性蛋壳吸附量的影响。由图 10-10（a）可知，初始含磷量为 20～50mg/L 条件下，改性蛋壳的吸附量从 1.92mg/g 增加到 4.94mg/g，吸附除磷效率随初始含磷量的增加而大幅度增加。图 10-10（b）表明，相应条件下除磷效率分别为 97%、98.29% 和 98.83%，浓度越低则去除率越高，但由于改性蛋壳的吸附量高，除磷效率的变化不大。3 种不同的初始浓度下改性蛋壳的吸附平衡时间随着浓度的增加而逐渐延长，当初始含磷浓度为 50mg/L 时，在 8h 达到吸附平衡。在 25℃磷酸盐浓度为 50mg/L 条件下，与天然蛋壳的吸附效果相比，吸附量提高了 3.62mg/g，去除率提高了 65.5%，均有很大幅度的提高，说明 $FeCl_3$ 改性蛋壳是一种可行性很高的方法。从图 10-10 可以看出，在改性蛋壳的吸附过程中存在两个吸附平台期，主要是由于蛋壳内部孔径不同，PO_4^{3-} 被吸附后首先进入大孔径中，传质阻力较小并快速达到平衡，随后逐渐进入传质阻力大的小孔隙中，缓慢达到平衡。

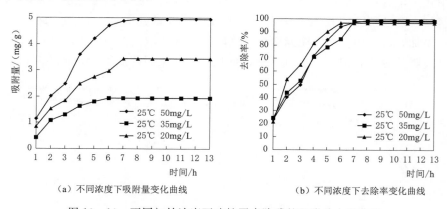

（a）不同浓度下吸附量变化曲线　　（b）不同浓度下去除率变化曲线

图 10-10　不同初始浓度下改性蛋壳除磷的吸附动力学曲线

10.4.2　改性蛋壳吸附动力学拟合

吸附平衡过程中的吸附速率与时间的关系可以通过吸附动力学方程来体现。图 10-11 是不同条件下改性蛋壳吸附过程中的准一级动力学方程，以 $\ln(q_e-q_t)$ 对 t 进行拟合得出的曲线。图 10-12 为不同条件下改性蛋壳吸附过程中的准二级动力学方程，以 $\frac{t}{q_t}$ 对 t 进行拟合，得到的一级、二级动力学方程的拟合系数见表 10-2，上图为 25℃、含磷浓度为 50mg/L 条件下。表 10-2 可以看出，在不同条件下，由准一级动力学方程拟合的出的理论吸附量与实际平衡吸附量相差都较大，且改性蛋壳对磷的吸附过程中准二级反应动力学显著性 R^2 高于准一级反应动力学。因此，改性蛋壳的吸附过程可与准二级方程较为符合，说明改性蛋壳吸附过程中存在饱和吸附位点，符合二级动力学模型说明吸附过程主要受化学机理控制。随着温度的升高、磷的初始浓度的增加，吸附量都有所增加，但从实测的吸附量可以看出，吸附过程中磷的初始浓度对吸附量的影响更大。

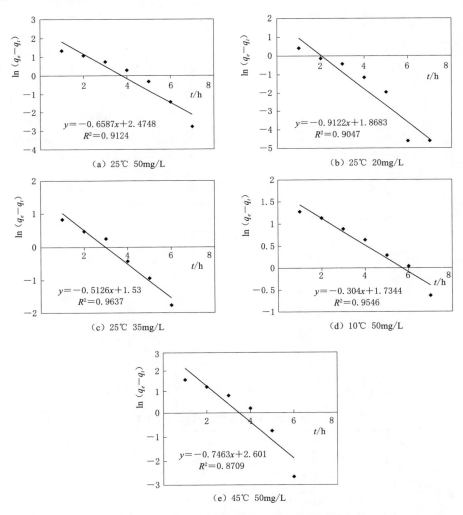

（a）25℃ 50mg/L

（b）25℃ 20mg/L

（c）25℃ 35mg/L

（d）10℃ 50mg/L

（e）45℃ 50mg/L

图 10-11　改性蛋壳不同条件下准一级动力学方程

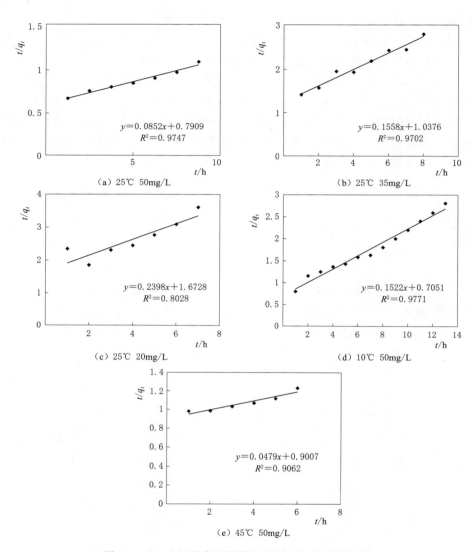

图 10-12　改性蛋壳不同条件下准二级动力学方程

表 10-2　　　　　　　改性蛋壳粉除磷动力学方程的拟合系数

反应条件		准一级反应动力学模型			准二级反应动力学模型			
		$q_e/(\mathrm{mg/g})$	k_1	R^2	$q_e/(\mathrm{mg/g})$	k_2	R^2	$q_t/(\mathrm{mg/g})$
温度 /℃	10	2.83	0.304	0.9546	4.96	0.1468	0.9771	4.83
	25	2.94	0.6587	0.9124	5.02	0.0852	0.9747	4.94
	45	2.95	0.7463	0.8709	5.16	0.0488	0.9062	4.95

续表

反应条件		准一级反应动力学模型			准二级反应动力学模型			
		q_e/(mg/g)	k_1	R^2	q_e/(mg/g)	k_2	R^2	q_t/(mg/g)
磷的初始浓度/(mg/L)	20	0.92	0.9122	0.9047	2.02	0.2268	0.8028	1.94
	35	1.24	0.5126	0.9037	3.66	0.2012	0.9702	3.44
	50	2.53	0.6587	0.9124	5.38	0.0852	0.9747	4.94

10.4.3 改性蛋壳的吸附等温线研究

在 250mL 锥形瓶中加入改性后蛋壳 1g，加入初始浓度不同的含磷废水 100mL：其中初始磷浓度为 10mg/L、20mg/L、35mg/L 和 50mg/L，在恒温振荡培养箱中设置温度为 45℃、转速为 180r/min 条件下，恒温振荡 9h。上清液在转速 4000r/min 条件下离心 5min。取上清液经过 0.45μm 滤膜过滤，取适量溶液用测定蛋壳的吸附量。

由图 10-13 可知，随着废水中磷浓度的增加，改性蛋壳的吸附量变化幅度较大，磷的去除率在低浓度时去除率稍高，但无明显变化。磷初始浓度对改性蛋壳的平衡吸附量影响较大，平衡吸附量从 0.995mg/g 提高至 4.957mg/g，但对于去除率却影响甚微，去除率大于 98%，可见改性之后蛋壳的吸附性能良好。

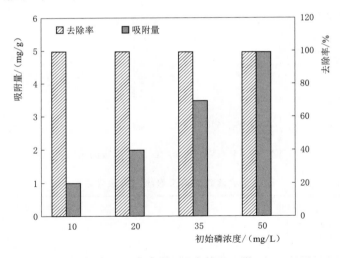

图 10-13 改性蛋壳等温吸附

10.4.4 改性蛋壳的等温吸附特征

Langmuir 等温吸附模型是以 C_e/q_e 为横坐标、C_e 为纵坐标拟合得出的，Freundlich 等温吸附模型是以 $\ln q_e$ 为纵坐标、$\ln C_e$ 为横坐标进行拟合。Langmuir 等温吸附模型基于 4 个理论假设：吸附材料上的所有吸附位点都是相当的，每个吸附中心具有相等的吸附能，并在各中心均匀分布；吸附的分子之间不发生反应；所有的发生吸附机理是一致的；最大吸附量是在单层吸附条件下发生的，每个吸附中心只能被一个吸附分子占据，是与吸附量和覆盖率无关的理想模型，但实际发生的反应并不全部满足以上理论假设。图 10 - 14（a）中斜率的倒数即为该材料对磷的理论最大吸附量，改性蛋壳理论最大吸附量的达到 10.48mg/g，改性蛋壳可以较好地处理含磷浓度高的废水。由截距计算得出方程的平衡常数 k_L。由表 10 - 3 的线性相关系数可以看出，Langmuir 等温吸附模型和 Freundlich 等温吸附模型都可以很好地对改性蛋壳吸附过程进行拟合，相关系数 R^2 均大于 0.93，但 Langmuir 等温吸附模型的显著性低于 Freundlich 等温吸附模型。R_L 代表无量纲分布系数，其值越小代表反应越容易进行。$R_L = 0$ 时，吸附反应过程不可逆；$R_L > 1$ 时反应不易于进行，从表 10 - 3 中可以看出改性后蛋壳除磷的反应过程更加容易进行且可逆，与 Freundlich 等温吸附模型中 $1/n = 0.7375 < 1$，表示吸附过程易于进行的结论一致。

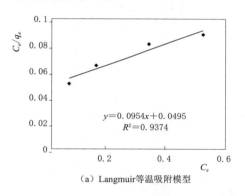 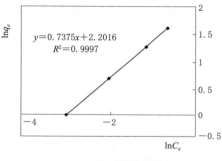

（a）Langmuir等温吸附模型　　　　　（b）Freundlich等温吸附模型

图 10 - 14　改性蛋壳除磷的等温吸附模型

表 10 - 3　　　　　　　　**改性蛋壳除磷的等温吸附方程拟合参数**

Langmuir 模型					Freundlich 模型			
线性回归方程	q_m	k_L	R^2	R_L	线性回归方程	$1/n$	k_F	R^2
$C_e/q_e = 0.399C_e + 0.3142$	10.48	0.18	0.9374	0.14	$\ln q_e = 0.4703\ln C_e - 1.5252$	0.7375	9.03	0.9997

10.4.5　改性蛋壳的吸附热力学研究

在 250mL 锥形瓶中加入 1g 改性后的蛋壳，在锥形瓶中加入 100mL 浓度为 50mg/L 的含磷废水，将锥形瓶分别在 10℃、20℃、25℃、35℃和 45℃条件下，调节 pH 值为 6，置于恒温振荡箱中转速 180r/min 条件下恒温振荡 9h。

充分反应后取上清液，在转速 4000r/min 条件下离心 5min，取上清液经 0.45μm 滤膜过滤，取适量溶液用钼酸铵分光光度法测量废水中剩余磷含量，并计算出测定蛋壳的吸附量和去除率。

温度是吸附反应过程中重要的一项影响因素，图 10-15 表示在不同的温度下改性蛋壳对平衡吸附量和磷的去除率的影响。如图 10-15 所示，当反应温度为 10℃ 时，改性蛋壳的平衡吸附量为 4.63mg/g，磷的去除率为 92.63％。而当温度提高到 45℃ 时，改性蛋壳的平衡吸附量为 4.95mg/g，去除率提高到 99.13％，比 10℃ 时提高了 7.5％。因此，提高温度可有利于反应进行，从而提高吸附效果，25℃ 常温下对磷的去除效果已经达到很好，但温度提高可以加快反应速度。

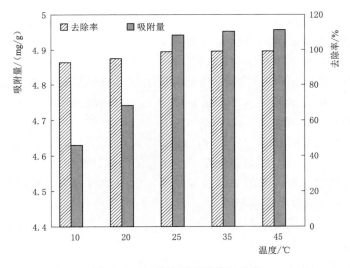

图 10-15　改性蛋壳吸附热力学

10.4.6　改性蛋壳的吸附热力学特征

改性蛋壳的吸附热力学模型是以 $\ln k_d$ 为纵坐标，$1/T$ 为横坐标进行线性拟合，得到热力学吸附拟合线性方程，所得到的吸附热力学参数见表 10-4。由表 10-4 可知，吸附分布系数随着温度的增加而增加，说明体系中的混乱度有所增加。吉布斯自由函数 $\Delta G < 0$，说明改性蛋壳除磷的吸附过程是一个自发的过程，并且随着温度的升高，ΔG 的值逐渐减小，表明该体系中的自发过程愈加强烈。$\Delta H = 45.863 \text{kJ/mol}$，说明该反应是吸热过程，温度升高有助于反应的进行，与前面吉布斯函数的变化规律及图 10-15 中结果一致。$\Delta S = 168 \text{kJ/(mol·K)}$，$\Delta S > 0$，表明在固液界面上体系的混乱度增加。

表 10-4 改性蛋壳吸附热力学模型拟合参数

T/K	k_d	$\Delta G/(kJ/mol)$	$\Delta H/(kJ/mol)$	$\Delta S/[J/(mol \cdot K)]$
283.15	2.877	-2.596		
293.15	3.083	-3.436		
298.15	8.450	-4.278	45.863	168.2
308.15	11.108	-5.960		
318.15	11.458	-6.802		

10.5 本章小结

本章主要研究以 $FeCl_3$ 溶液对鸡蛋壳进行改性，各因素对天然蛋壳及改性蛋壳吸附效果的影响，并对进行吸附动力学和吸附等温线的模拟，研究其吸附特征，结果如下。

(1) 蛋壳吸附剂在改性前后的吸附性能随溶液中初始含磷浓度的变化趋势相同，在初始含磷浓度为 50mg/L 时，天然蛋壳吸附剂的去除率为 33%，改性后蛋壳对磷的去除率提高至 98%。

(2) 天然蛋壳的吸附过程受 pH 值的影响幅度大，天然蛋壳吸附剂的最佳反应 pH 值为 11，改性后蛋壳在中性条件下除磷性能最佳。

(3) 改性前后蛋壳吸附剂的粒径越小，吸附量和去除率越高，但在 10~100 目粒径时除磷效果影响不大。

(4) 天然蛋壳投加量的增加，磷的去除率可达 71%，但吸附量随蛋壳投加量的增加而急剧下降到 1.17mg/g。最佳投加量为 1.0g/100mL。

(5) 对蛋壳的改性研究发现，当 $FeCl_3$ 浓度为 0.3% 时，改性蛋壳对磷的去除率最高，可达到 90.91%。

(6) 改性蛋壳对 pH 值最佳的反应条件为中性条件；改性蛋壳的粒径对吸附反应过程影响不大，去除率均在 95% 以上；改性蛋壳对磷的去除率随投加量的增加而增加，但吸附量随之减少，在投加量为 1.0g/100mL 时，吸附量最大为 4.94mg/g。实验中改性蛋壳最佳反应条件为：80 目粒径的蛋壳在 pH=11、反应温度为 45℃ 条件下、投加量为 1.0g/100mL 条件下，对磷的去除效果最佳，吸附量为 4.9565mg/g，去除率达到 99.13%。

(7) 改性蛋壳的动力学拟合表示，改性蛋壳的吸附过程与二级动力学方程符合。在温度为 25℃、磷的初始含量为 50mg/L 的条件下，改性蛋壳反应过程与 Freundlich 模型的相关系数更高 $R^2=0.9997$，说明改性蛋壳的吸附位点不均一；与热力学方程的拟合表示，蛋壳的吸附过程是自发的吸热反应。

11 结论与展望

11.1 结论

经改性处理后不同填料在除磷率和平衡吸附量上均有明显提升。天然矿石填料：沸石经 $FeCl_3$ 改性后除磷率为 93.9%，平衡吸附量为 0.95mg/g；麦饭石经过 HCl 和 $FeCl_3$ 组合改性后除磷率为 98.2%，平衡吸附量为 0.98mg/g；石灰石先后经 HCl 和 PAC 组合改性除磷率为 95.38%，平衡吸附量为 1.908mg/g；农业废弃物填料：秸秆炭经 $ZnCl_2$-七水合氯化镧组合改性后除磷率为 98.95%，吸附量为 0.990mg/g；稻壳炭经 NaOH 和 $AlCl_3$ 组合改性后除磷率为 98.9%，平衡吸附量为 0.99mg/g。工业废弃物填料：废弃砖经 NaOH 改性后，除磷率为 98.18%，平衡吸附量为 0.065mg/g；改性粉煤灰的平衡吸附量为 3.48mg/g。

经机理分析可知：改性沸石的吸附过程更加符合准二级动力学方程，线性相关系数 $R^2>0.9$，反应过程中改性沸石的吸附量随时间变化先增加，而后达到平衡；改性沸石同时符合 Langmuir 等温吸附模型和 Freundlich 等温吸附模型，该吸附过程为非均质吸附；温度升高有利于改性沸石吸附作用进行，该反应过程为自发吸热反应过程，物理吸附占主导。组合改性麦饭石符合准二级动力学模型，$R^2=0.966$ 说明改性稻壳炭对磷的吸附是物理吸附与化学吸附的复合作用；改性稻壳炭符合 Langmuir 等温吸附模型，$R^2=0.991$，说明改性麦饭石倾向于单层均相吸附。改性秸秆炭的除磷吸附过程符合准一级（$R^2=0.969$）和准二级（$R^2=0.976$）动力学、Langmuir 等温吸附（$R^2=0.974$）和 Freundlich 等温吸附（$R^2=0.964$）模型，说明改性秸秆炭的除磷过程是物理和化学共同作用，更倾向于单层吸附。改性废弃砖的除磷吸附过程符合准一级（$R^2=0.964$）和准二级（$R^2=0.988$）动力学、Langmuir 等温吸附（$R^2=0.976$）和 Freundlich 等温吸附（$R^2=0.968$）模型，说明改性废弃砖的除磷过程是物理和化学共同作用，更倾向于单层吸附。粉煤灰进行改性后，可以与准二级吸附动力学很好的拟合，磷的吸附量随时间的推进而增加，与 Langmuir 等温吸附模型的相关系数 $R^2=0.995$，吸附过程是自发的吸附反应，主要是物理吸附。

11.2 展望

人工湿地填料种类繁多，填料自身所含成分也不尽相同，不同填料内部成分之间的相互关系对去除水中污染物的机理需深入研究。

人工湿地中微生物群落与污染物的去除也存在显著相关性，可以在研究中增加不同功能微生物的条件优化实验，深入研究不同功能菌属的调控对于提高人工湿地系统内部脱氮效率的影响机制。

本文主要关注人工湿地填料对于磷污染物的去除效能，并未兼顾其他污染类型，深入研究填料对污染物的综合影响，将是今后努力的方向之一。